中华青少年科学文化博览丛书·科学技术卷 >>>

U0352538

图说导航的诞生与发展 >>>

中华青少年科学文化博览丛书·科学技术卷

图说

导航的诞生与发展

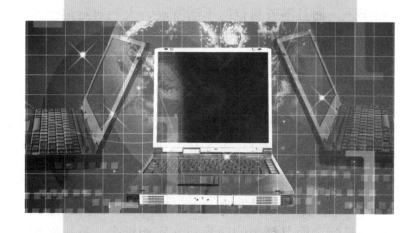

吉林出版集团有限责任公司 | 全国百佳出版单位

前　言

　　最古老简单的导航方法是星历导航，最早的导航仪是中国人发明的指南针，最早的航海表是英国人John Harrison在1761年发明的。从古代及近代的导航定位技术发展史中我们可以看到，随着科技和社会的发展，导航技术也随之突飞猛进地发展起来了，正如恩格斯所说的："社会一旦有技术上的需要，则这种需要就会比十所大学更能把科学推向前进。"

　　导航究竟是什么？在生活中，我们可以把它看作是一个无所不知，不会迷路的"导游"，它可以指引我们到想到的地方，比如指南针。在现代社会各式各样的导航仪在不断涌现，它们多用于汽车上，用于定位、导航和娱乐。而且随着科技的不断发展，人们对定位技术的认识也越来越深，导航的方法也越来越多，逐渐出现了惯性导航系统、天文导航系统、地形辅助系统、无线电导航系统以及全球导航系统。

　　对于导航技术的探索人类也从未停止过。导航的发展史，不仅具有极大的研究价值，同时也代表了各国社会的发展进程。值得肯定的是，中国在导航技术上的提高与航运事业的飞速发展是密切相关的。总之，我们可以从古代到近代的导航技术上，了解到人类各个不同历史时期的历史背景，从而更好地认识导航技术。

　　本书通俗易懂，而且精美的图片与文字相结合，真正做到了寓教于乐，并有利于提高青少年的创新能力以及青少年的科学素质。

目 录

第1章 中国古代导航技术大盘点

第2章 探寻古代欧洲导航技术

第3章 近现代导航技术的发展

目 录

第**1**章

中国古代导航技术大盘点

一、科学与神话

第**1**章
中国古代导航
技术大盘点

在现代社会里，各式各样的导航仪在我们生活中并不少见。多用于汽车上，用于定位、导航和娱乐。随着汽车的普及和道路的建设，城际间的经济往来更加频繁，车载GPS导航仪显得很重要，准确定位、导航、娱乐功能集于一身的导航更能满足车主的  需求，成为车上的基本装备。现在人们所使用的导航仪，是高科技的电

各式各样的现代导航仪

子产品。可是在并不发达的古代，人们要去一个地方，靠什么工具导航、靠什么方法分辨方向呢？相传在约公元前2600年前，我国南方有个九黎部族。有一年，他们的首领蚩尤，与炎帝族发生了冲突。于是，炎帝族和黄帝族联合起来同蚩尤部落大战。据说黄帝和炎帝的部落和蚩尤作战3年，进行了72次交锋，都未能取得胜利。在涿鹿同蚩尤部落进行了激烈战斗时，蚩尤使用魔法，造出漫天的大雾，把黄帝和他的军队团团围在里面。正当黄帝愁眉不展、万分焦急的时候，一个叫风后的臣子做了一辆指南车。有了指南车的引导，黄帝统帅的军队冲破重重迷雾，终于战胜了蚩尤部落，建立了华夏文明。

这虽然只是一个故事，但也说明古人对指引方向的工具，有着强烈的需求。根据历史记载，东汉时期杰出的科学家张衡（公元78—公元139）发明过指南车，可是他的制造方法不久就失传了。到了三国时，马钧在青龙三年（公元235）重新造出了指南车。这种车

马钧

要用马拉着走。车上装有一个木头做的"仙人"，无论车子怎祥改变方向，"仙人"总是面向南方，右手臂也指出南方。即使道路是圆形的，"仙人"也会随着自动调整，指向南方。马钧造的指南车虽有记载，但造法失传。宋、金两朝的燕肃与吴德仁等科学家都研制出指南车，宋史《舆服志》对其机械构造有具体记载。指南车是古代一种指示方向的车辆。

指南车是一辆双轮独辕车，车上立一木人，伸臂车中，除两个沿地面滚动的足轮（即车轮）外，尚有大小不同的7个齿轮。宋史《舆服志》分别记载了这些齿轮的直径或圆周以及其中一些齿轮的齿距与齿数。车轮转动，带

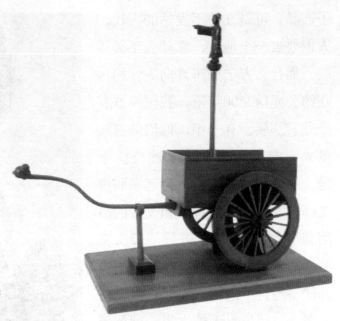

古代指南车

动附于其上的垂直齿轮（称"附轮"或"附立足子轮"），该附轮又使与其啮合的小平轮转动，小平轮带动中心大平轮。指南木人的立轴就装在大平轮中心。当车转弯时，只要操作车上绳轮离合装置，即竹绳、滑轮（分别居于车左或车右的小轮）和铁坠子，就可以控制大平轮的转动，从而使木人指向不变。例如当车向右转弯，则其前辕向右，后辕必向左。此时只要将绕过滑轮的后辕端绳索提起，使左小平轮下落，从而与大平轮啮合；同时使右小平轮上升，从而与大平轮离开，大平轮就随

左小平轮而逆转。由于各个齿轮匹配合理，车轮转向的弧度与大平轮逆转弧度相同，故木人指向不变。

我国古代很早就将天文定位技术应用在航海中。司南是我国春秋战国时代发明的一种最早的指示南北方向的指南器，还不是指南针。早在两千

司南

多年前汉（公元前206－公元220年），中国人就发现山上的一种石头具有吸铁的神奇特性，并发现一种长条的石头能指南北，他们管这种石头叫做磁石。古代的能工巧匠把磁石打磨凿雕成一个勺形，放在青铜制成的光滑如镜的底盘上，再铸上方向性的刻纹。这个磁勺在底盘上停止转动时，勺柄指的方向就是正南，勺口指的方向就是正北，这就是我国祖先发明的世界上最早的指示方向的仪器，叫做"司南"。司南的"司"就是"指"的意思。

司南

根据春秋战国时期的《韩非子》书中和东汉时期思想家王充写的《论衡》书中的记载，以及现代科学考石学家的考证和所制的司南模型，说明司南是利用天然磁石制成汤勺形，由其勺柄指示南方。而在春秋战国时期的《管子》书中和《山海经》书中便有了关于慈石的记载，而在这一时期的《鬼谷子》书中和《吕氏春秋》书中还进一步有了慈石吸铁的记载。这可以说是古代最早的磁指南器，现在北京的

知识卡片

磁石

磁石（药用名也作慈石）为氧化物类矿物磁铁矿的矿石。晶面有条纹，多为粒块状集合体，铁黑色、或具暗蓝靛色。条痕黑、半金属光泽；不透明、断口不平坦；具强磁性、性脆，无臭、无味。常产于岩浆岩、变质岩中，海滨沙中也常存在。

中国历史博物馆和其他地方的许多博物馆都有司南的模型展出。

这里要指出关于指南车的问题，前文所说的黄帝(约公元前4世纪)和历史上的西周周公(约公元前2世纪)曾制造和使用指南车，但是经过后来的模型制作试验和文献考证，都已证明指南车与指南针没有关系，汉代以后的指南车是依靠机械结构，而不是依靠磁性指南的。现在北京的中国历史博物馆中也展出了指南车的模型

二、什么是导航

上面说了最古代导航的雏形是指引方向用的，而我们所认识到的现在生活中的导航却是一种电子设备，我们无论去哪只要拿着导航仪，上面就能指出详细具体的路线。那实际上导航到底是一种什么东西呢？相关文献指出，导航主要有两种意思，一种意思是引导飞行器或船舶沿一定航线从一点运动到另一点的方法；而另一种意思则是由于互联网的兴起而兴起的

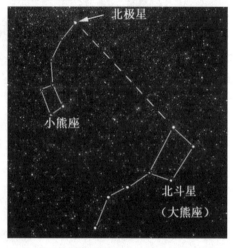

古人晚上观察北极星的位置来分辨南北方向

网站导航，帮助上网者找到想要浏览的网页、想要查找的信息，而现在基本上每个网站都有自己的网站导航系统为网页的浏览者提供导航服务，也有专业的导航网站提供专业导航服务。

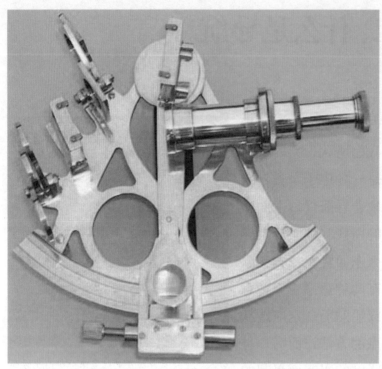

四分仪

我们这里说的导航主要是第一种意思，但也不完全相同。我们所讲的导航实际上就是我们要到一个遥远的目的地，而我们可能对这个目的地的位置没有一个明确的概念，就

星盘

航海员星盘

需要用到导航。实际上，我们可以把导航看作一个无所不知，不会迷路的"导游"，可以指引我们到想到的地方。古代科技没有那么发达的时候，古人一般都会利用星象、风向、或者某个明显的参照物来确定方向。而随着科技的不断发展，人们确定方向和目的地的具体位置，有了很多方便的仪器，出行也不再变得有障碍。

古代计时仪

早在公元前3500年前，人类就有历史记载用大船装载货物进行商业贸易的历史，这标志了人类导航艺术的诞生。早期的导航家都是在靠近海岸线用肉眼观察陆地标记或者大地特性来辨别方向的。他们通常白天行驶，晚上找个平静的港口抛锚。他们没有航海图，但他们列出了所需的方向，类似于今天的巡航向导。当他们在看不到大陆的时候，他们通过在白天观察太阳的位置，晚上观察北极星的位置来辨别南北方向。航海家们总是在靠近海岸线的附近白天活动，当天气不好或者晚上的时候不出海活动。在中世纪，欧洲的航海家们在整个冬季都不出海活动，这样就自然的限制了他们的活动范围，大范围的航海活动必然会带来风险。在古代，船的安全行驶只能依靠原始的导航技术，这些技术能够粗略的给出船的位置。在航海的过程中，船员们需要知道两条信息：他们在地球上的经度和纬度的位置坐标，以及精确的将坐标值映射到地图上。可是纬度虽然可以通过观察太阳、月亮和星星的运动来判断，经度的判断却比较困难，必须计算出地球上不同地点的时差。早期的导航工具有着众多的不确定性因素，以至于绘制的世界地图不够精确。

直角器

标尺

古代导航的各种工具

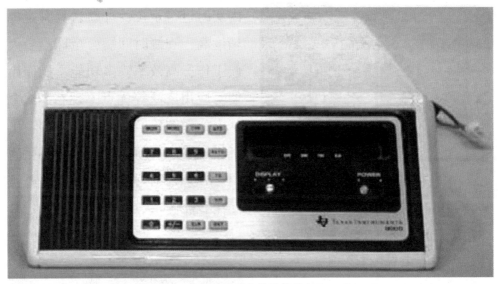

典型的无线电导航接收机

后来，随着科技的不断发展，人们对定位技术的认识也越来越深，导航的方法也越来越多。逐渐出现了惯性导航系统、天文导航系统、地形辅助系统、无线电导航系统以及全球导航系统。惯性导航系统很特别，以前的导航定位都需要依靠一定的参照物或者其他事物进行推测，而惯性导航系统是一种不依赖于外部信息、也不向外部辐射能量的自主式导航系统。其工作环境不仅包括空中、地面，还可以在水下。惯导的基本工作原理是以牛顿力学定律为基础，使用加速计和陀螺仪来测量物体的加速度和旋

知识卡片

牛顿力学定律

　　牛顿力学涉及很多方面，他们都涉及最基本的三个定律：牛顿第一定律，是指一切物体在没有受到力的作用时，总保持静止状态或匀速直线运动状态；牛顿第二定律，是指物体在受到合外力的作用会产生加速度，加速度的方向和合外力的方向相同，加速度的大小与合外力的大小成正比，与物体的惯性质量成反比；牛顿第三定律，是指两个物体之间的作用力和反作用力，在同一条直线上，大小相等，方向相反。

GPS导航仪

内实时进行定位、导航，具有定位精度高、观测时间短、全球、全天候工作、高效率、多功能、操作简便、应用广泛等优点。现在GPS全球定位系统已经在汽车、船舶、飞机等各种交通工具以及个人日常生活中被广泛使用，技术相当成熟，并且还在不断地向多功能发展。

转，并用计算机来连续估算运动物体位置、姿态和速度的辅助导航系统。而无线电导航系统则是人类导航发展史的一个里程碑，它是利用无线电技术对飞机、船舶或其他运动载体进行导航和定位的系统。无线电系统通过测定无线波来向以确定运动载体与一条基准线（常用磁北基准线）的夹角，无线电测角系统一般都使用定向天线。根据使用场合不同，地面可用测向天线对飞机或船舶发射的信号测向，更多的情况是飞机和船舶利用测向天线对地面信号测向。简单的地面信标发射无方向信号，专用的地面信标本身发射含有方向信息的信号。

至于全球卫星定位系统，简称GPS，是如今广泛应用的一个全球定位系统。它利用卫星在全球范围

知识卡片

经度

经度泛指球面坐标系的纵坐标。定义为地球面上一点与两极的连线与0度经线所在平面的夹角。以球面上的点所在辅圈相对于坐标原点所在辅圈的角距离来表示。通常特指地理坐标的经度。为了区分地球上的每一个地区，人们给经线标注了度数，而各地的时区也由此划分，每15个经度便相差一个小时。

纬度

纬度是指某点与地球球心的连线和地球赤道面所成的线面角，其数值在0～90度之间。位于赤道以北的点的纬度叫北纬，记为N，位于赤道以南的点的纬度称南纬，记为S。

三、走进历史——探索中国历代导航技术

要了解导航，首先我们就要了解它到底是怎么出现的、为什么出现、出现的最初又发挥着什么作用。前文说过导航最开始出现主要是运用在航海上。因为古代的人们对这个世界的了解远不如现在人们多，出海对于他们来说充满了未知和危险。大家想，在茫茫大海中，四处都是一样的，很容易就丧失了方向，迷失了回到陆地的路，可是出于

古代舟筏复原图

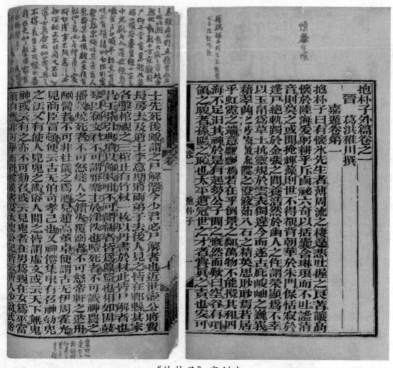

《抱朴子》宋刻本

生活的需要人们又不得不出海。早在距今7000年前的新石器时代晚期，中华民族的祖先已能就以原始的舟筏浮具和原始的导航知识开始海上航行，揭开了利用原始舟筏在海上航行的序幕。这说明中国和地中海国家一样都是世界海洋文化的发祥地。

夏、商、周时代，由于木板船与风帆的问世，人们已开始在近海沿岸航行到今日的朝鲜半岛、日本列岛和中南半岛。春秋战国时期，我国古代航海事业的形成时期，人们已累积了一些天文定向、地文定位、海洋气象等知识，初步形成了近海远航所需的技术和相关的知识，出现了较大规模的海上运输与海上战争。到秦汉时代，海船逐步大型化以及掌握了驶风技术，出现了秦代徐福船队东渡日本和西汉海船远航印度洋的壮举。在三国、两晋、南北朝时期，东吴船队巡航台湾和南洋、法显从印度航海归国、中国船队远航到了波斯湾。

唐朝建立后，经过"贞观之治"、社会经济繁荣、文化发达，在国力强盛和造船技术进步的基础上，中国与西亚、非洲沿岸国家间的海洋航运有了很大发展。唐朝时由中国航海前往阿拉伯乃至非洲沿岸国家，已由过去的分段航行实现了全程直航，不再需要经印度洋沿岸国家换乘阿拉伯商船中转，而且能直接抵达。天文航海技术主要是指在海上观测天体来决定船舶位置的各种方法。我国古代出航海上，很早就知道观看天体来辨明方向。西汉时代《淮南子》就说过，如在大海中乘船而不知东方或西方，那观看北极星便明白了。晋

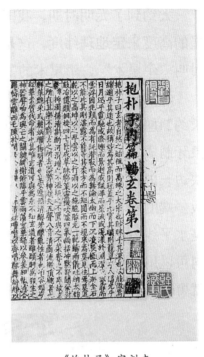

《抱朴子》宋刻本

代葛洪的《抱朴子》一书中也说，如在云梦（古地名）中迷失了方向，必须靠指南车来引路；在大海中迷失了方向，必须观看北极星来辨明航向。东晋法显从印度搭船回国的时候说，当时在海上见"大海弥漫、无边无际、不知东西，只有观看太阳、月亮和星辰而进"。一直到北宋以前，航海中还是"夜间看星星，白天看太阳"，只是到北宋才加了一条"在阴天看指南针"。

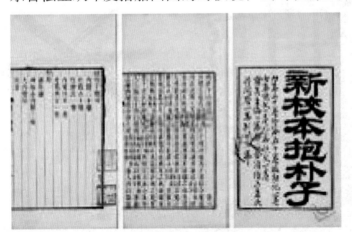

影印《抱朴子》宋刻本

大约到了元明时期，我国天文航海技术有了很大的发展，已能观测星的高度来定地理纬度，这是我国古代航海天文学的先驱。这种方法当时叫"牵星术"，牵星术的工具叫牵星板。

　　牵星板用优质的乌木制成。一共12块正方形木板，最大的一块每边长约24厘米，以下每块递减2厘米，最小的一块每边长约2厘米。另有用象牙制成一小方块，四角缺刻，缺刻四边的长度分别是上面所举最小一块边长的1/4、1/2、3/4和1/8。比如用牵星板观测北极星，左手拿木板一端的中心，手臂伸直、眼看天空，木板的上边缘是北极星，下边缘是水平线，这样就可以测出所在地的北极星距水平的高度。高度高低不同可以用12块木板和象牙块四缺刻替换调整使用。求得北极星高度后，就可以计算出所在地的地理纬度。

船上利用牵星板来观察

明代在航海中还定出了方位星进行观测，以方位星的方位角和地平高度来决定船舶夜间航行的位置。当时叫观星法，观星法也属牵星术范围之内。从明代牵星术的航海记录可见，当时的天文航海技术已经相当先进。

马可波罗

元朝意大利的马可波罗由陆路来我国，在我国待了20多年后由海路回去。海路航线是经我国南海进入印度洋折而往西。马可波罗当时是搭乘我国航海家驾驶的我国船舶回去的。在马可波罗游记中记载了当时我国海船和航海的情况。据游记记载，海船由马六甲海峡进入印度洋后，便有北极星高度的记录，可见那时我国航海家已经掌握了牵星术。明代郑和七次下"西洋"，"往返牵星为记"，可知当时航行在印度洋中的我国航海家已经十分熟悉牵星术了。

扇形计程器

中国古代航海史的坐标——针碗

　　我国古代地文航海技术的成就，包括航行仪器如航海罗盘、计程仪、测深仪的发明和创造，以及针路和海图的运用等。航海罗盘是我国发明的。我国发明指南针后，很快使用到航海上。北宋时的指南浮针，也就是后来的水罗盘。宋代朱彧叙述宋哲宗元符二年到徽宗崇宁元年间的海船上已经使用指南针。宣和五年徐兢到朝鲜去回国后所著《宣和奉使高丽图经》中描写这次航海过程说：晚上在海洋中不可停留，注意看星斗而前进，如果天黑可用指南浮针，来决定南北方向。这是目前世界上用指南针航海的两条最早记录，比公元1180年英国的奈开姆记载要早七八十年。

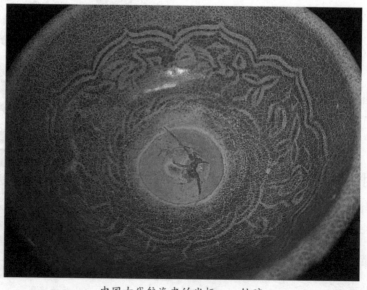

中国古代航海史的坐标——针碗

航海罗盘

航海罗盘上定二十四向，二十四向我国汉代早有记载。北宋沈括的地理图上也用到这二十四向。把罗盘三百六十度分做二十四等分，相隔十五度为一向，也叫正针。但在使用时还有缝针，缝针是两正针夹缝间的一向，因此航海罗盘就有四十八向。大约南宋时已有这四十八向的发明了。四十八向每向间隔是七度三十分，这要比西方的三十二向罗盘在定向时精确得多。所以三十二向的罗盘知识在明末虽从西方传进来，但是我国航海家一直用我国固有的航海罗盘。古时船上放罗盘的场所叫针房，针房一般人员不能随便进去，掌管罗盘的人叫火长。明代《西洋番国志》中说：要选取驾驶人员中有下海经验的人做火长，用作船师，方可把针经图式叫他掌握管理。"事大责重，岂容怠忽。"可见航海罗盘是海船上的一个重要设备。

计程仪又叫测程仪。三国时期吴国海船航行到南海一带去，有人写过《南州异物志》一书，书中有这样的记载：在船头上把一木片投入海中，然后从船首向船尾快跑，看木片是否同时到达，来测算航速航程。这是计程仪的雏型，一直到明代还是用这个方法，不过规定更具体些，就是以一天一夜分为十更，用点燃香的枝数来计算时间。把木片投入海中，人从船首到船尾，如果人和木片同时到，计算的更数才标准，如人先到叫不上更，木片先到叫过更。一更是三十千米航程，这样便可算出航速和航程。

航海罗盘

　　我国古代这种计程的方法，和近代航海中扇形计程仪构造很相近似。扇形计程仪也是用一块木板（扇形），用和全船等长的游线系住投入海中，然后用沙时计计算时间。沙时计一倒转是十四秒，在游线上有记号，从游线长度算出航速和航程。我国古代用香枝（也叫香漏），西方近代用沙时计（也叫沙漏），两者实在是异曲同工。我国在唐代末年已有测深的设备。一种是"下钩"测深，一种是"以绳结铁"测深。南宋末年吴自牧的《梦粱录》上说：如果航海到外国做买卖，从泉州便可出洋。经过七洲洋，"船上测水深约有七十余丈"。当时测水这样深，可见我国宋代已经有比较熟练的深水测深技术，也已经有针路的设计。航海中主要是用指南针引路，所以叫做"针路"。记载针路有专书，这是航海中月积月累而成。这些专书后来有叫"针经"、有叫"针谱"、也有叫"针策"的。

　　至于海图，北宋徐兢《宣和奉使高丽图经》上已有海道图，这是我国航海海图最早的记载，可惜原图已失传。我国现存最早的海道图是明初《海道经》里附刻的"海道指南图"。

古代海图

明茅元仪辑《武备志》二百四十卷，卷末附有"自宝船厂开船从龙江关出水直抵外国诸番图"，这就是著名的"郑和航海图"。图上的航程地理，和明代祝允明《前闻记》所记宣德五年郑和最后一次下"西洋"相合，推测这图大概是十五世纪中叶的作品。"郑和航海图"已蜚声中外，研究十五世纪中外交通史和航海技术史，都把这幅海图作为重要的依据。明末有些古籍记有"各处州府山形水势深浅泥沙礁石之图"、"灵山往爪哇山形水势法图"、"新村爪哇至瞒刺加山形水势之图"、"彭坑山形水势之图"等，这些图都只保留了文字记载，原图都失传了。这些和近代海图上的要求大致符合。清代前期保存下来的海图，有西南洋各番针路方向图一幅，彩绘纸本；大约在康熙五十一年到六十一年间，有东洋南洋海道图一幅，也是彩绘纸本，这两幅海图现在都保存在北京故宫。

大家不妨想想，古人从一开始连方向都辨认不清楚，发展到后来绘制出完整的海图，这是多么大的飞跃。可是即使是这样，古代的导航技术依然停留在以物理事物为参照事物的阶段，遇到特殊情况方法就不灵了，但这也恰恰说明了事物的发展总有一个缓慢的过程。

知识卡片

海图

海图是地图的一种，用来表示海洋区域制图现象。海底地形图主要内容为海岸、海滩和海底地貌、海底基岩和沉积物、水中动植物、水文要素、灯标、水中管线、钻井或采油平台等地物，以及航道、界线等。

针碗

针碗的水面上漂着浮针，碗内底的"王"字形标志对标明方向有帮助。先将王字中的细道与船身中心线对直，如船身转向、磁针和该细线便形成夹角，从而显示航向转移的角度。元代针碗则是中国这一发明最早的实物见证，是具有重要意义的科技文物。

第1章 中国古代导航技术大盘点

四、星星为你指路——"牵星板"的由来

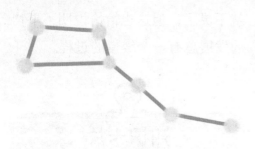

北斗七星图

在卫星定位系统日益普及的今天，你也许很难想象，古时候的航海家是如何凭借手中的指南针和天上的星斗驰骋于茫茫大海的。那么，这看似简单的古代天文导航方法，又是如何成就了世界航海史上郑和七下西洋的历史奇迹呢？

在茫茫大海中，四面都是水，会不会反着方向走？学会判别方向就很重要。只要能判别方向，就能回到自己的出发点，就能回到自己的家乡。例如，中国位于大海的西边，到大海中打鱼或航行，一旦迷失了方向，只需会辨别方向，一直向西航行，总能找到岸边，然后沿着岸边或南或北找到家。事实上，

有经验的舟师都会知道迷失方向时的风向，辨清方向之后就会懂得自己该向西南或西北航行了。在唐宋以前，中国人作出国远距离航行，一般都只有两个方向。到朝鲜、日本去，只需顺着季风向东航行就会到达目的地。另一个目的地则是向南到达越南、印度尼西亚、菲律宾等国，都在中国的南方，这就显示出学会辨别方向的重要意义了。只需学会辨别方向，要去的目的地就有把握了。因此，舟师懂得辨别方向，是最基本、也是最关键的一步。

北斗七星图

古人利用牵星板规划航线

但是人们在航海实践中发现，舟师仅懂得辨别航船和方向还是不够的。如果只懂得辨别方向，就会多走不少弯路。因此，好的舟师在航行的实践中都会寻找辨别自己船只所在位置的方法。例如观看远处的灯火，以附近的高大建筑物、高山或海岛为依据等。这种方法大致能解决附近几千米甚至数万米的困难，更远的路程就没有办法了。事实上，有经验的舟师，除掉借助于日月星辰的位置和触摸方位辨别方向以外，同时还都总结出一些辨别自己所处位置的方法。例如，古代的中国人很早就认识了北极星，知道它是一颗位于正北方永不下落的星，所以用以辨别方向，故称北

辰。但只需仔细观察就会发现，不同地区的人所看到北极星的高度是不一样的。北斗星和织女星等其它星座也是这样，位于不同地区的人看同一颗位于正南方的星，所看到的高度是不一样的。根据向福建、海南一带的舟师所收集到的资料表明，在当地舟师中早已使用以手掌宽度判断北极星高度的方法。具体做法是，直立在舟中空旷处，伸直手臂将手掌横放，以手掌和手指的宽度来判断北极星距离海平面的高度，借以判断航船位于南北的方位。北极星高则位于北方，位低则为在南方。这种方法起于何时，没有明确的记载。

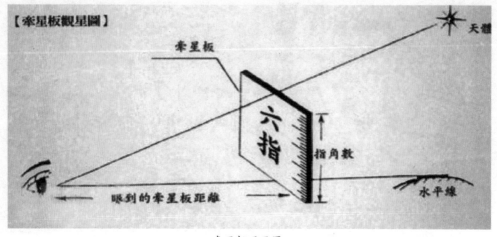

牵星板观星图

　　不过，如果在海中航行只知道南、北方向，而不知道具体位置，仍会迷失航向，不能顺利到达目的地。随着航海事业的发展，就逐渐形成了一种叫做"牵星术"的天文航海导航技术，主要是利用牵星板来测定船舶在海中的方位。牵星板是测量星体距水平线高度的仪器，其原理相当于当今的六分仪。通过牵星板测量星体高度，可以找到船舶在海上的位置。牵星板共有大小12块正方形木板，以一条绳贯穿在木板的中心。

牵星板12块正方形木板最大快边长为24厘米，以下每块边长递减2厘米，板上标有一指、二指，直至十二指。另外，还有一块象牙板，也为正方形，四角缺刻，缺刻长度分别为最小正方形边长的1/4、1/2、3/4和1/8；上面标有半角、一角、二角、三角，就是说一指等于四角。

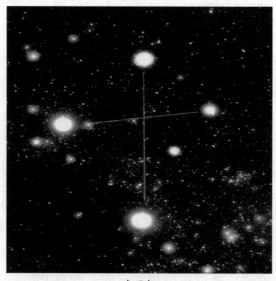

牵星板

　　与之相对应的确定纬度的方法就叫做"牵星术"。所谓牵星术，就是利用天上星宿的位置及其与海平面的角高度来确定航海中船舶所走位置及航行方向的方法，因此又称为天文航海术。使用时，观测者左手执"牵星板"一端的中心，手臂向前伸直，使牵星板与海平面垂直，让板的下缘与海平面重合，上缘对着所观测的星辰，这样便能量出星体离海平面的高度。在测量高度时，可随星体高低的不同，以几块大小不等的"牵星板"和一块长2寸、四角皆缺的象牙块替换调整使用，直到所选星板上边缘和所测星体相切，下边缘同海平线相合为止。此时使用的牵星板是几指，这个星体的高度就是这个指数。

古代牵星板

早在秦汉时代，人们已经知道在海上乘船看北斗星就可以辨识方向。到印度取经学习的东晋僧人法显乘船回国时说："大海弥漫，无边无际，不知东西，只有观看太阳、月亮和星辰而进"。直到北宋发明指南针之后，人们仍以观看星体位置及其高度，作为导航的辅助手段。大约到了元明时期，我国天文航海技术有了很大的发展，已能观测星的高度来定地理纬度。

明代三宝太监郑和七次下西洋时留下一份过洋牵星图，收录在明代茅元仪编的《武备志》二百四十卷里，共有海路图二十页，过洋牵星图四幅。

郑和下西洋

《郑和航海图》中的过洋牵星

郑和的船队自江苏太仓刘家港出发，到苏门答腊岛北端沿途航行不用星辰而只用罗盘定方向。但是从龙涎屿向西到锡兰山，更由锡兰山向西向北，无论是沿着印度西海岸走，或是横渡印度洋到阿拉伯半岛和非洲东北部沿海，除了用罗盘定向外，还配合使用了牵星术。从那时起，

牵星板——这种古老的测绘工具就一直伴随在郑和的身边。郑和船队在航海中，使用了成熟的一整套"过洋牵星"的航海术，对天文导航科学作出重大贡献。

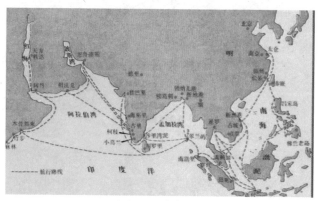

郑和下西洋路线图

郑和

流传下来的《郑和航海图》附有4幅"过洋牵星图"，它们不仅让我们重新目睹航海者站在甲板上观察到的天象，而且透露了许多航行的秘密。郑和航海一般观测的是北斗七星、南十字、天琴等星座。牵星板，是依靠三角形的原理来进行测定的，它的计量单位是指。这种小块的牵星板为一指，它等于1.9度。人们用不同规格的牵星板，来对应航行时的不同情况。牵星板在使用之前，先用指南针定向，再将牵星板的上边与夜空中的星座重合，下端对准海平面，使用不同规格的牵星板来对应星座与海面的不同高度，将观测到的指数，绘制在图上，从而形成了"牵星图"，又称《过洋牵星图》。

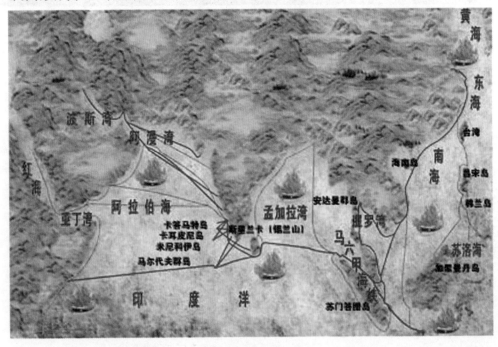

后附载的过洋牵星图

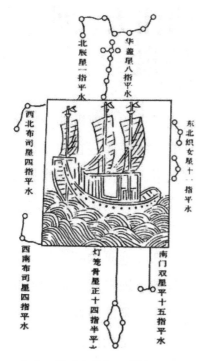

北辰星一指平水　华盖星八指平水

西北布司星四指平水

东北织女星十一指半水

西南布司星四指平水

灯笼骨星正十四指半平水

南门双星平十五指平水

郑和四幅《过洋牵星图》之一

利用牵星板来测定船体所在的纬度，这是一项重大的发明。对于远洋航海来说，有着重要的现实意义和应用价值，具有划时代的意义。郑和团队在航海中，以航海图中对沿岸和岛屿的牵星记载和"过洋牵星图"为依据，观察星斗高低和度量远近，完全掌握了从某地出发、途经某地、利用星座的方位和高度、最后到达某地的技能。从《武备志》的记载可知，郑和船队不但到过印度、伊朗，其第五、第六次出海还到过东非的索马里，其间的各条航线相复杂，牵星术的使用，使郑和团队在几次航海中，能够解决判断船舶的地理位置与航行方向，确定船队的航向等一系列问题。我们不妨把牵星术称为郑和时代的GPS全球定位系统，它同时也代表了15世纪利用天文导航的世界先进水平。

知识卡片

过洋牵星图

记载在明代茅元仪《武备志·郑和航海图》一书中。每图绘有一艘三桅三帆的海船，它的四周标注舟师所使用的诸星象位置。《武备志》中收录的《郑和航海图》及所附四幅"过洋牵星图"，包括：古里往忽鲁谟斯过洋牵星图；锡兰山回苏门答腊过洋牵星图；龙涎屿往锡兰山过洋牵星图；忽鲁谟斯回古里过洋牵星图。虽说只有四幅图，但足以看出郑和船队在远洋航行中如何解决正确判断船舶位置与方向、准确确定航线等一系列重大技术问题，从而为后世留下了中国最早、最具体、最完备的关于牵星术的记载。

第 1 章
中国古代导航技术大盘点

五、改变世界的伟大发明
——航海罗盘

元代陈元靓设计的指南鱼

航海罗盘指南针也叫罗盘针，是我国古代发明的利用磁石指极性制成的指南仪器（司南）。因此，介绍司南必须从磁石说起。早在战国时我们祖先就了解并利用磁石的指极性制成最早的指南针——司南。战国时的《韩非子》中提到用磁石制成的司南。司南就是指南的意思，东汉思想家王充在其所著《论衡》中也有关于司南的记载。司南由一把"勺子"和一个"地盘"两部分组成，司南勺由整块磁石制成。它的磁南极那一头琢成长柄，圆圆的底部是它的重心，琢得非常光滑。地盘是个铜质的方盘，中央有个光滑的圆槽，四周刻着格线和表示24个方位的文字。由于司南的底部和地盘的圆槽都很光滑，司南放进了地盘就能灵活地转动，在它静止下来的时候，磁石的指极性使长柄总是指向南方。这种仪器就是指南针的前身，由于当初使用司南必须配上地盘，所以后来指南针也叫罗盘针。

指南鱼

在制作中，天然磁石因打击受热容易失磁，磁性较弱，司南不能广泛流传。到宋朝时有人发现了人造磁铁，钢铁在磁石上磨过，就带有磁性，这种磁性比较稳固不容易丢失。后来在长期实践中出现了指南鱼。从指南鱼再加以改进，把带磁的薄片改成带磁的钢针，就创造了比指南鱼更进一步的新的指南仪器。把一支缝纫用的小钢针，在天然磁石上磨过，使它带有磁性，人造磁体的指南针就这样产生了。

缕悬式古罗盘

指南针发明后很快就应用于航海。世界上最早记载指南针应用于航海导航的文献是北宋宣和年间朱所著《萍洲可谈》朱之父朱服于1094—1102年任广州高级官员，他追随其父在广州住过很长时间。该书记录了他在广州时的见闻。当时的广州是我国和海外通商的大港口，有管理海船的市舶司，有供海外商人居留的蕃坊，航海事业相当发达。《萍洲可谈》记载着广州蕃坊、市舶等许多情况，记载了中国海船上航海很有经验的水手。他们善于辨别海上方向："舟师识地理，夜则观星，昼则观日，阴晦则观指南针。""识地理"是表明当时舟师已能掌握在海上确定海船位置的方法，说明我国人民在航海中已经知道使用指南针了，这是全世界航海史上使用指南针的最早记载。我国人民首创的这种仪器导航方法，是航海技术的重大革新。指南针应用于航海并不排斥天文导航，二者可配合使用，这更能促进航海天文知识的进步。中国使用指南针导航不久，就被阿拉伯海船采取，并经阿拉伯人把这一伟大发明传到欧洲。中国人首先将指南针应用于航海比欧洲人至少早80年。

航海罗盘

航海罗盘作为一种指向仪器，在我国古代军事上、生产上、日常生活上、地形测量上、尤其在航海事业上，都起过重要的作用。我国古代航海业相当发达。秦汉时期，就已经同朝鲜、日本有了海上往来；到隋唐五代，这种交往已经相当频繁。而且同阿拉伯各国之间的贸易关系也已经很密切。到了宋代，这种海上交通更得到进一步的发展。中国庞大的商船队经常往返于南太平洋和印度洋的航线上，海

上交通的迅速发展和扩大，是和航海罗盘在航海上的应用分不开的。在航海罗盘用于航海之前，海上航行只能依据日月星辰来定位，一遇阴晦天气就束手无策。唐文宗开成三年，日本和尚圆仁来中国求法，后来写有《入唐求法巡礼行记》一文，描述了在海上遇到阴雨天气的时候混乱而艰辛的情景：当时海船的航向无法辨认，大家七嘴八舌，有的说向北行，有的说向西北行。幸好碰到一个波绿海浅的地方，但是也不知道离陆地有多远，最后只好沉石停船等待天晴。而在航海罗盘用于航海之后，不论天气阴晴，航向都可辨认。

针路不是指南针的路线而是航线

而且这时海上航行还专门编制出罗盘针路，船行到什么地方，采用什么针位，一路航线都一一标识明白。元代的《海道经》和《大元海运记》里都有关于罗盘针路的记载。元代周达观写的《真腊风土记》里，除了描述海上见闻外，还写到海船从温州开航，"行丁未针"。这是由于南洋各国在中国南部，所以海船从温州出发要用南向偏西的丁未针位。明初航海家郑和"七下西洋"，扩大了中国的对外贸易，促进了东西方的经济和文化交流，加强了中国的国际政治影响，增进了中国同世界各民族的友谊，作出了卓越的贡献。他这样大规模的远海航行之所以安全无虞，端赖航海罗盘的忠实指航。郑和的巨舰，从江苏刘家港出发到苏门答腊北端，沿途航线都标有罗盘针路，在苏门答腊之后的航程中，又用罗盘针路和牵星术相辅而行。航海罗盘为郑和开辟中国到东非航线提供了可靠的保证。就世界范围来说，航海罗盘在航海上的应用，导致了以后哥伦布对美洲大陆的发现和麦哲伦的环球航行。这也大大加速了世界经济发展的进程，为资本主义的发展提供了必不可少的前提。

知识卡片

针路

宋代已经有针路的设计。航海中主要是用指南针引路，所以叫做"针路"。"针路"不是指南针的路线，指南针无论何时何地总是指向南或北。"针路"其实就是航线，在罗盘指引下，从甲地到乙地的某一航线上有不同地点的航行方向，将这些航向连结成线，并绘于纸上，就是人们所说的针路，又称针经、针簿。从甲地到乙地，不同航线上的针路各有不同，同一航线上来回往返，针路也不尽相同。可见，针路是指导人们远航成功的必要条件。

悬浮式古罗盘

公元10世纪时中国人发明了缕悬式指南针，小小的磁针挂在高高的梁柱上，磁针的下面是圆星的方位盘，有二十四向。磁针在地磁场作用下能保持在磁子午线的切线方向，通过看磁针在方位盘上的位置，就能断定出方位。

探寻古代欧洲
导航技术

第2章 探寻古代欧洲导航技术

一、大海中的明灯
——灯塔导航

在古代，船只如何更为精确地确定自己所在的方位及航向航速，一直是困扰着当时船员们的一个大问题。以古代欧洲为例，尽管从腓尼基人开始，希腊人、罗马人、波斯人、维京人、威尼斯人、热那亚人等等都先后在地中海和北海上扬帆起航，但是那时候的航行范围还大多局限于近海，虽然有腓尼基人的环非洲航行以及维京人横渡大西洋的壮举，可是由于不可测的水文、气象条件所限，无论是商业还是文化的交流，都是在近海航行的基础上开展的。在这样的条件下，无论是东方还是西方，为了开拓更多的航线，扩大自身的影响力，以及获取更多的贸易收入，除了加大造船业的投入之外，更纷纷创造和发展了多种多样的导航定位的方法，这些研究和方法等历经几百年乃至上千年的演化，有许多至今仍然是船员们必须学习和掌握的内容，可见其重要性。

海边的导航灯塔

海边的导航灯塔

希腊人在公元前 5 世纪就已知道在夜里用灯塔来指示港口。罗马人曾将一块巨型方尖碑从亚历山大运往罗马，后在船上垒以石块和粘结物，形成一座人工小岛。灯塔就建在此小岛上，灯塔共分4层。奥斯帝亚灯塔一直留存到公元15世纪。其中最高的灯塔是法兰西布洛涅灯塔，塔高61米，有12或13层，上窄下宽。随着罗马帝国的灭亡，维修灯塔所必需的的技能已丧失殆尽，有关组织也被解散。

大约公元前270年修建的亚历山大灯塔的名气远远超过了金字塔。人们一提到埃及，首先想到的是雄伟神奇的灯塔，而不是法老的陵墓——金字塔。这座135米高的巨型灯塔屹立了1000多年之久才被地震所毁；从公元前281年建成点燃起，直到公元641年阿拉伯伊斯兰大军征服埃及，火焰才熄灭。它日夜不熄地燃烧了近千年，这是人类历史上火焰灯塔所未有过的。公元700年，亚历山大发生地震，灯室和波西顿立像塌毁。关于此事，传说东罗马帝国一位皇帝企图攻打亚历山大，但惧于其船队被灯塔照见，于是派人向倭马亚王朝的哈里发进言，谎称塔底藏有亚历山大大帝的遗物和珍宝。哈里发中计下令拆塔，但在黎民百姓的强烈反对下，拆到灯室时便停止。880年，灯塔修复。1100年，灯塔再次遭强烈地震的破坏，仅残存下面第一部分，灯塔失去往日的作用，成了一座瞭望台，在台上修建了一座清真寺。1301年和1435年两次地震，灯塔就全部毁灭了。

亚历山大灯塔

公元前280年秋天的一个夜晚，月黑风高，一艘埃及的皇家喜船，在驶入亚历山大港时，触礁沉没了，船上的皇亲国戚及从欧洲娶来的新娘，全部葬身鱼腹。这一悲剧，震惊了埃及朝野上下。埃及国王托勒密二世下令在最大港口的入口处，修建导航灯塔。经过40年的努力，一座雄伟壮观的灯塔竖立在法洛斯岛的东端。它立于距岛岸7米处的石礁上，人们将它称为"亚历山大法洛斯灯塔"。

灯塔的设计者是希腊的建筑师索斯查图斯，高度超过130米，是当时世界上最高的建筑。1500年来，亚历山大灯塔一直在暗夜中为水手们指引进港的路线。

亚历山大灯塔高120米，加上塔基，整个高度约135米。塔楼由四层组成并微微向内倾斜，第一层是方形结构，高60米，里面有300多个大小不等的房间，用来作燃料库、机房和工作人员的寝室；第二层是八角形结构，高15米；第三层是圆形结构，上面用8米高的8根石柱围绕在圆顶灯楼。第四层，矗立着8米高的海神波塞冬站立姿态的青铜雕像。整座灯塔都是用花岗石和铜等材料建筑而成，灯的燃料是橄榄油和木材。整个灯塔的面积约930平方米。聪明的古希腊著名建筑设计师

现在的亚历山大灯塔遗址

索斯特拉特还采用反光的原理，用镜子把灯光反射到更远的海面上。这座无与伦比的灯塔，夜夜灯火通明，兢兢业业地为入港船只导航，它给舵手带来了一种安全感。亚历山大灯塔不仅外部造型美观考究，内部结构也严密复杂。塔基的几层有50多个房间，供住宿、办公或造作用，也可以是天文学家、气象学家观察天象的专用房间。为克服单调感，求得整体建筑具有艺术性的视觉造型，因而建有许多相当于楼房的层层窗口。一些研究者认为塔身下层内部宽阔，从这里修筑了通到塔顶倾斜的螺旋式上升的通路。在通道中层和上层的倾斜梯上还分别筑有32个和18个台阶。正中间有一个相当于现代电梯的人工升降装置，用以运送火炬燃料及各种物品，保证火炬长年日夜不息。

岛上的航标灯

亚历山大灯塔

到40千米以外引导航船。还有人认为灯室内装有透明的水晶石或者玻璃镜，其作用类似今日的望远镜，极目远眺，近岸景物尽收眼底，灯室及时发出信号导航。

无论是哪种说法也好，灯塔是欧洲古代导航的一种工具，这是毫无疑问的。人们利用灯塔作为确定出海航行方向的参照物，这可以作为古代人民智慧的象征。

那灯塔到底是如何导航的呢？有人说高大的灯塔本身就是一个航标灯，灯塔进入视野宣告亚历山大港的临近；也有人说，灯室内装有一块巨大的磨光的金属镜，又称魔镜。

白天魔镜将阳光聚集折射到几十千米之外，引起航船的注意。夜幕降临后，在镜前燃烧大量的木材，火光冲天，形同白昼，火光又通过特设的金属镜反射出去，照射

知识卡片

英尺

英尺是使用于英国、其前殖民地和英联邦国家的长度单位。美国等国家也使用它。英尺——在英语国家中，古代和现代都以人脚长度为依据的长度计量单位。一般为25—34厘米。在许多其他西方语言中，脚和计量用的尺都用同一个词表示。现在国际标准规定，1英尺则等于30.48厘米。

二、"经纬线"的由来

地球上的经线和纬线是人类为了地图定位的方便所在地球球体上所做出的一些假想线，有了经纬线的发明，人类交通的发展也更加蓬勃了。为了精确地表明各地在地球上的位置，人们给地球表面假设了一个坐标系，这就是经纬度线。公元344年亚历山大渡海南侵，继而东征，随军地理学家第凯尔库斯沿途搜集资料，准备绘一幅"世界地图"。他发现沿着亚历山大东征的路线由西向东，无论季节变换、日照长短，都很相仿。于是第一次在地球上画了一条纬度线，这条线从直布罗陀海峡起，沿着托鲁斯和喜马拉雅山脉，一直到太平洋。

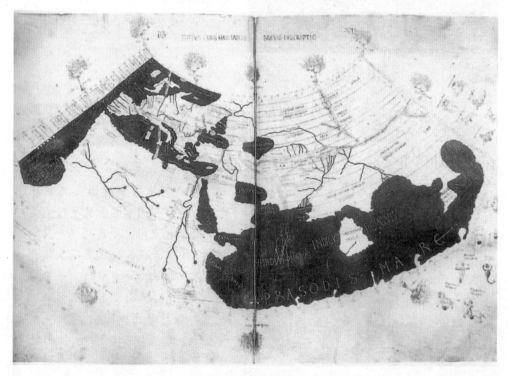

托勒密的世界地图

亚历山大帝国不久就衰落了。而亚历山大城图书馆的馆长埃拉托斯特尼，它博学多才，精通数学、天文、地理，计算出了地球的圆周是46.250千米，并画了一张有7条经度线和6条纬度线的世界地图。

公元120年以后，克罗狄斯·托勒密也在这座古老的图书馆里研究天文学、地理学。托勒密综合前人经验，认为绘制地图应根据已知经纬度的定点作根据，提出地图上绘制经纬线网的概念。托勒密测量了地中海一带重点城市和据点的经纬度，编写了八卷地理学著作，其中包括8000个地方的经纬度。为使地球上的经纬线能在平面上描绘出来，他设法把经纬线绘成简单的扇形，从而绘制出一幅著名的"托勒密图"。15世纪初，航海家亨利开始把"托勒密地图"付诸实践。但是经过反复考察，却发现这幅地图并不实用。亨利手下的一些船长遗憾地说："尽管我们对有名的托勒密十分敬仰，但我们发现事实都与他说的相反。"

正确地测定经纬度，关键需

有经纬线的地球仪

要有"标准钟"。 制造准确的钟表在海上计时，显然比依靠天体计时要方便，实用得多。18世纪机械工艺的进步，终于为解决这个长久的难题创造了条件。英国的约克郡有位钟表匠哈里森，他用42年的时间，连续制造了五台计时器，一台比一台精确、完美。第五台只有怀表那么大小，测定经度时引起的误差，只有113英里。差不多同时，法国制钟匠皮埃尔·勒·鲁瓦设计制造的一种海上计时器也投入了使用。到这时，海上测定经度的问题，终于初步得到了解决。

我们如果用地球的"腰围"——赤道将地球平分成南北两半球，开始往两极画一个一个平行的圆圈，赤道处的圆圈最大，愈往两极圆圈愈小，这些假想的圆圈我们称为纬线。我们又假设赤道这条假想线为0度，愈往两极度数渐增，在两极的度数分别是南北纬90度，这个数字就称为纬度。北半球的纬度就称为北纬，南半球的称为南纬。

经线是通过南北两极的假想线，每一条经线都是等长的半圆弧线，而且可以和对面的经线合成一个圆，而这个大圆可以将地球平分成两个等大的半圆球体，由於地球一天自转一圈，也就是每24小时自转360度，所以换算起来地球每小时自转的角度是15度，因此经线就以15度作为间隔，每15度画一条。在1884年的一次国际会议上，学者们决定了经线0度的位置，是以通过英国伦敦格林威治天文台的经线为标准，这条经度为0度的经线又叫做本初子午线，也叫做格林威治线。以这条假想线作为起点，往两边度数渐增，向东叫做东经，向西叫做西经，东西经各有180度，而东经180度和西经180度则在同一条经线上，与本初子午线相对。

子午线

格林威治天文台

地图和地球仪上，我们可以看见一条一条的细线，有横的也有竖的，很象棋盘上的方格子，这就是经线和纬线。根据这些经纬线，可以准确地定出地面上任何一个地方的位置和方向。这些经纬线是怎样定出来的呢？地球是在不停地绕地轴旋转（地轴是一根通过地球南北两极和地球中心的假想线），在地球中腰画一个与地轴垂直的大圆圈，使圈上的每一点都和南北两极的距离相等，这个圆圈就叫作"赤道"。在赤道的南北两边，画出许多和赤道平行的圆圈，就是"纬圈"；构成这些圆圈的线段，叫做纬线。我们把赤道定为纬度零度，向南向北各为90度，在赤道以南的叫南纬，在赤道以北的叫北纬。北极就是北纬90度，南极就是南纬90度。纬度的高低也标志着气候的冷热，如赤道和低纬度地区无冬，两极和高纬度地区无夏，中纬度地区四季分明。

北极光

北极光现象

其次，从北极点到南极点，可以画出许多南北方向的与地球赤道垂直的大圆圈，这叫作"经圈"；构成这些圆圈的线段，就叫经线。公元1884年，国际上规定以通过英国伦敦近郊的格林尼治天文台的经线作为计算经度的起点，即经度零度零分零秒。在它东面的为东经，共180度；在它西面的为西经，共180度。因为地球是圆的，所以东经180度和西经180度的经线是同一条经线。各国公定180度经线为

地球仪及地球仪上纵横交错的经纬线

玑横抚辰仪

"国际日期变更线"。为了避免同一地区使用两个不同的日期，国际日期变线在遇陆地时略有偏离。每一经度和纬度还可以再细分为60分，每一分再分为60秒以及秒的小数。利用经纬线，我们就可以确定地球上每一个地方的具体位置，并且把它在地图或地球仪上表示出来。例如，要找北京的经纬度，我们很容易从地图上查出来是东经116度24分，北纬39度54分。在大海中航行的轮船，只要把所在地的经度测出来，就可以确定船在海洋中的位置和前进方向。

知识卡片

赤道

通过地球中心划一个与地轴成直角相交的平面，在地球表面相应出现一个和地球的极距离相等的假想圆圈。赤道是地球表面的点随地球自转产生的轨迹中周长最长的圆周线，半径达6378.137Km。如果把地球看做一个绝对的球体的话，赤道距离南北两极相等，是一个大圆。它把地球分为南北两半球，其以北是北半球，以南是南半球，是划分纬度的基线，赤道的纬度为0°。赤道是地球上重力最小的地方。赤道是南北纬线的起点（即零度纬线），也是地球上最长的纬线。

本初子午线

本初子午线是地球上的零度经线，它是为了确定地球经度和全球时刻而采用的标准参考子午线，它不像纬线有自然起点——赤道。是计算东西经度的起点。1884年国际会议决定用通过英国格林威治天文台子午仪中心的经线为本初子午线。

三、纬度的计算方法

　　从古代开始，欧洲船一般都是沿岸航行。这样一来，沿海水域就比较繁忙，而且沿岸海域暗礁浅滩等航行障碍物也比较多。为帮助船员辨认船位、航行顺畅，许多人造设施如灯塔、航标灯等航路标志便设立起来。中世纪盛期，地中海各城市的商人船只大多还是沿岸航行。从西地中海沿岸出发的商船，都是沿意大利半岛南行，通过墨西拿海峡，再环绕希腊半岛，沿干地亚北岸驶向罗得岛和塞浦路斯，再直航到叙利亚海岸，然后沿岸南行到达提尔和阿克尔等地。那些从西北欧来的船只，在通过直布罗陀海峡后，也不是向东直航，而是沿着西班牙、法国和意大利的地中海海岸作迂回航行。总之，没有一个船主敢冒险出海到望不见陆地的洋面上去，因为他们认为，那碰到暗礁和浅滩的船难危险，总不如沉没在大海里的可怕。不敢穿洋直航，有三个原因：一是怕迷失方向；二是害怕远洋中的风暴；三是害怕遭到海盗袭击。但归根到底还是第一个原因。因为在导航技术进步了的后一时代，虽然仍有第二、三个原因的存在，但船只却敢作穿洋航行了。

古代船舶

因此，在远洋航行中，确定船只的方位是第一位的。这在西欧有许多经验型的作法。同阿拉伯的"卡玛尔"、中国人的牵星术一样，欧洲人很早也知道了测量天体角度来定位的原理，古代希腊人称之为"狄奥帕特拉"。中世纪早期北欧海盗通常也这样做，他们在航海中可以利用任何简陋的工具，哪怕是一只手臂、一个大姆指，或者一根分节的棍子都行，来使观察到的角度不变以保持航向。

古代测量工具

约14世纪前后，阿拉伯的航海家们运用名叫"卡玛尔"的仪器来测量纬度。它的原理是一手持小板，另一只手持线，线与小板的中心连接，并在使用的过程中拉直，然后将拉线板的上端对准某颗亮星，慢慢拉绳子直到木板下沿和海平面重合即可，这个时候量出木板的长和绳长，就可以计算出这颗亮星的高度，以及船只所在的纬度。15世纪左右欧洲人使用的测纬度的航海仪器十字测天仪、雅各棒、金杖等，虽然外形有别，原理也大致相同：将一根短杆垂直缚在长约36英寸、附有角度比例尺的长直杆上，短杆可在长杆上前后移动，短杆上下两端各穿一孔。要探测船的纬度时，先选定一颗不动的星，海员即把长杆按前伸方向放在眼前，从一端观察，一面调整移动短杆的位置，直到可从下面孔中看到地平线，而同时从上面孔中看到北极星为止。然后，记下短杆在长杆标尺上的位置，进而计算出星体高度和船只纬度。

比雅各棒要先进一些的是十

不同时期的星盘

字测角器，应用大致是中世纪后期的事。观测者将竖杆的顶端放到眼前，然后拉动套在竖杆上的横杆（或横板，一般也有好几块），最后使横杆的一端对着太阳，另一端对着地平线，这样就得出了太阳的角度。另一个更先进的观测仪器是星盘，据说哥伦布航海时就带了这两种东西。星盘是一个金属圆盘，用铜制成，上面一小环用作悬挂用。圆盘上安一活动指针，称作"照准规"，能够绕圆盘旋转。照准规两端各有一小孔，当圆盘垂直悬挂起来时，观测者须将照准规慢慢移动。到两端小孔都能看到阳光或星光时，照准规在圆盘上所指的角度也就是星体（或太阳）的角度。这种星盘虽然在中世纪后期才普遍应用，但实际上8世纪法兰克著名文学家圣路易就已在祈祷文中进行过描述。

16世纪末期，英国著名的航海家约翰·戴维斯在寻找西北航道的过程中，使用了自己发明的象限仪，又称"反向天体高度测量仪（反测仪）"或者"四分仪"，这个仪器实际上是在十字测天仪的基础上增加了一个反射装置，穿过遮阳板缝隙的阳光会照射在刻度尺上，观察者只需要直接读出读数即可，这种航海仪器的发明极大地推进了纬度的测量工作。

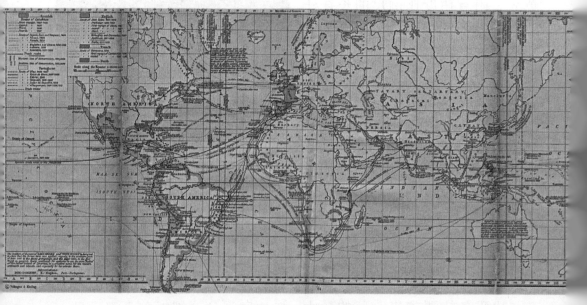

约翰·戴维斯航海路线

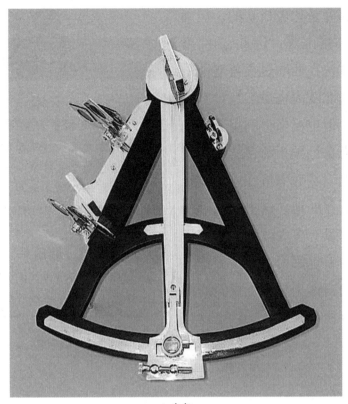

八分仪

17~18世纪左右，在英国和美国两个发明家分别发明了八分仪，所谓八分，是将圆周的360°均分为八等份，而仪器可以测量的角度为其中的一份，即45°，设计八分仪的英国人后来改进了设计，在原先的八分仪上增加了反射镜，使得这种仪器的可测量角度翻了一倍，即变成了90°，这种仪器代替了过去各种测量纬度的仪器，在很长一段时间里都为海员们所使用。后期又因为八分仪可测量的角度太小，人们发明了完整的圆周反射圈，它虽然较八分仪而言可测量的范围提高了倍数，但是过于笨重，最终人们选择了将圆周六等分，也就是60°作为框架的角度，大约在18世纪中期到19世纪之间，有关纬度的测量已经达到了一个非常精确的地步。

确定纬度是比较成功的，但确定经度却非常困难。因此，"纬度航行"的方法在西欧也很普遍地采用。早期的北欧海盗虽然还没有纬度的概念，但也已懂得利用天体偏角原理，把自己置于与目的地相同的纬度线上，然后保持在这条线上航行，直到目的地。这一方法沿用至15世纪都没有多大改变。甚至连哥伦布的西航也采用了这一方法。他先南下到自认为与印度相同的纬度后，再直线往西航行。

知识卡片

天体

天体是指宇宙空间的物质形体。天体的集聚，从而形成了各种天文状态的研究对象。天体，是对宇宙空间物质的真实存在而言的，也是各种星体和星际物质的通称。

偏角

指的是在平曲线测量中，曲线上任意点的弦与切线所夹的角。

"雪龙"号破中国航海史最高纬度纪录

四、神奇的"风向蔷薇"

第2章 探寻古代欧洲导航技术

托勒密

文方面，托勒密在希帕恰斯的基础上，提出了后世著名的《托勒密星表》；在地理方面，他改进了古希腊原有的"地方志"和"地图学"两个方面，并且提出了自己的地理学体系，包括总结出的两种地图投影法，绘制"托勒密地图"，记录当时各主要城市的经纬度等等。

古希腊被公认为欧洲文明的滥觞，这一点在航海学方面不外如是。上文曾经提到，公元前200多年，亚历山大图书馆馆长、"地理学之父"埃拉托斯特尼就曾经提出过地圆学说，与此同时他还提出了经纬网的概念，这在航海学史上具有重要的意义。另外继埃拉托斯特尼之后，古希腊还有另一位伟大的地理学家暨天文学家托勒密，在天

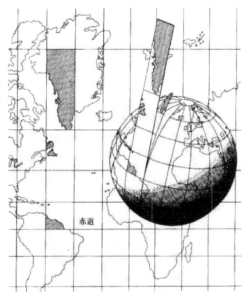

用地图投影法绘制的世界地图

古罗马市集

埃拉托斯特尼和托勒密以及其他天文地理学家的成就，在当时来说仅仅是为各个地区的交流提供了方便，但是从航海学的角度来看，他们无疑为后世海图的绘制、船只及港口的定位等都起到了极其重

要的奠基作用。所以，虽然他们不能称得上是航海学方面的专家，他们的贡献仍然是历历可见，不可抹去的。

除利用日月星辰等天体现象导航外，风向也是帮助确定航向的重要方向标志。在古希腊人那里，"风"与"方向"是一个同义词。他们为四个主要风向取了名（东、南、西、北），还标出了另外四个次要风向。现存在雅典的八角形风塔，公元前2世纪修建，今天仍能指出八个风向中每一个风向的生动特征。希腊人还懂得利用印度洋上的季风来进行航行。著名的印度洋上6～10月间的西南季风称为"希帕路斯风"，是因为一个公元前1世纪的希腊航海家希帕路斯曾说可利用这一季风驾船从红海到达印度沿岸而命名。

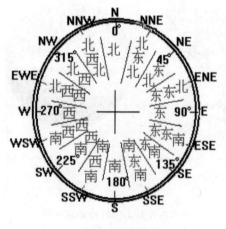

风向测量仪器

雅典八角形风塔

直布罗陀海峡

希腊之后到中世纪时期，欧洲也逐渐出现了一种对方向的标注方法，称为"风向蔷薇"。之所以称之为风向蔷薇，是因为在最早的地图上，为了标出北方，会使用拉丁语中北风之神的首字母T来作特别标注，而这个字母T又慢慢演化为了鸢尾花的形状，而表示东方所使用的是立凡德风（从法国南部沿海吹往直布罗陀海峡的一种风）的首字母L，或者是基督教的十字架（暗喻基督教圣地耶路撒冷）来标注，而这两个方向之间的90°等分为两份，再将这种分割方法使用在剩余的270°中，得到均分的八块空间，这八块空间又使用较小的三角形分割开来，就得到了16个方向，这些大小三角形放在同一个圆的外侧，形成的图形和蔷薇非常相似，因而就得名为风向蔷薇，后期随着罗盘的发展，又得到了一个新的名字"磁罗盘蔷薇"。

指南针时代到来前，几乎全欧洲的航海者都认为"方向"就是"风向"。虽然日耳曼人并不很正规地只标出四个主要风向名称，但用标有4个、8个、甚至12个风向的"风向蔷薇"卡片来导航，却在西欧非常普遍。同样，对风的崇拜程度也不亚于东方，连圣母都成了"顺风圣母"。

罗马与日耳曼人的战争

日耳曼人之战

除了导航定位的基础理论方面的发展之外，船员和岸上人员们也掌握了一套自己的习惯方法，因为自身船只补给、船员数量等条件的限制，古代欧洲的船只大都会选择近岸的海路，这时候的一些导航定位方法往往会与一些海洋上的标志物有关，比如维京人会依靠鸟类、鱼类、水流、浮木、海草、水色、冰原反光、云层、风势来协助自己判断方向。

海鸟

9世纪时，北欧著名航海家，"海上之王"弗劳克，总是在船上装了一笼渡鸟。据神话传说，当他离开法罗群岛向西北行驶了相当远的一段路程后，从船上放出了一只渡鸟，可是这只渡鸟向东南飞去，过了一会儿，弗劳克又放出了第二只渡鸟，这只渡鸟飞回船上，然而第三只渡鸟向西北飞去了，于是弗劳克驾船尾随渡鸟来到一片陆地。这也是许多航海家们用来辨别陆地方向的方法。

知识卡片

季风

由于大陆和海洋在一年之中增热和冷却程度不同，在大陆和海洋之间大范围的风向随季节有规律改变的风，称为季风。形成季风最根本的原因，是由于地球表面性质不同，热力反映有所差异引起的。由海陆分布、大气环流、大地形等因素造成的，以一年为周期的大范围的冬夏季节盛行风向相反的现象。

法罗群岛

五、"磁罗盘"的出现

第2章
探寻古代欧洲导航技术

欧洲的指南针

真正改变欧洲航海水平的还是指南针的应用。指南针约在12世纪里传入欧洲。李约瑟认为，中国的磁罗盘先由陆路传到西方，后来又由欧洲的航海家改造成"指北"方向。欧洲记载中第一次提到指南针，是巴黎大学的学者亚历山大·内克姆。他在1180年左右的一篇文章中说："在阴沉的天气或晚上，当水手们不能看清太阳，也不知道船首驶向何方时，他们就把针放在磁石上，针便旋转到指向北方而停住"。但欧洲人最早使用指南针的时间，应该比这更早一些。一般认为大约在1150年左右，意大利人开始在海船上使用指南针。

古代磁罗盘

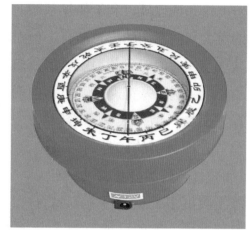

现代磁罗盘

　　欧洲最早的指南针是磁罗盘蔷薇，类似于以前的风向蔷薇，但标有16个或32个方向点。罗盘卡起初是圆形的，刻有风向蔷薇图案，平放在桌上。旁边放有装满水的碟子，一根简单的磁针放在一小木片上浮之于水面，领航员不断根据磁针所指而转动卡片。后来又把针附在卡片之下，卡片随指针浮动而转动，这就能始终显示正确的方向。到1250年左右，航海磁罗盘已发展到能连续测量出所有的水平方向，精确度在3°以内。

　　但磁罗盘并不很快地为欧洲人所普遍接受。由于人们还无法科学地解释指针为什么能"找到"北方，因而很具有神秘色彩，一般的航海水手都不敢使用。那些大胆而又谨慎的船长也只敢暗暗地使用，把它装入一个小盒内不让别人看到。因此指南针在欧洲广泛使用，是13世纪后期的事情。

使用指南针前，地中海航行因为气候关系而大受局限。每年的5至10月是天气晴朗的季节，海上吹着北风和西北风，利于船只从西北的意大利向东南的埃及航行，但对从埃及返航的船只就很困难了。航船先要绕道到塞浦路斯，再折向西行。而在所谓"天气恶劣"季节，即每年的10月到第二年的3月，虽然仍有顺风，但海上阴沉多云，海员不容易辨别方向，航船只能停泊，意大利城市大量记载了冬季停航的情况。往地中海东部去的船队，一般每年只能往返一次。要么是在复活节前后离开威尼斯，在多云季节来临前的9月份赶回来，要么是在8月份离开威尼斯，9月份抵达目的地，然后在那里过冬，次年5月返回威尼斯。实际上，这些商船一年中有一半时间停航。

指南针的使用，大大改变了地中海地区的航海形势。阴沉多云的天气虽然存在，但再也不是航海的障碍。全天候航行成为可能，越洋跨海的航行也成为可能。而且，有正确航向的越洋航行，也使航程大大缩短，节省了许多时间。到13世纪的最后二十五年里，一艘船完全可在一年中绕地中海两次环行，甚至在冬天

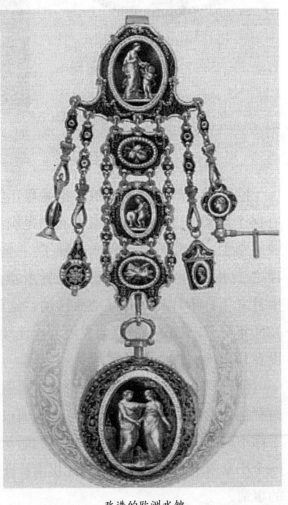

改进的欧洲水钟

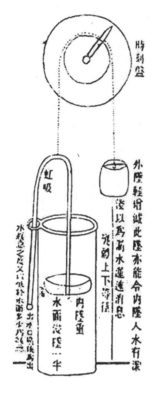

时刻盘

虹吸

外陸轻将诚此陸未能令内陸入水有浅

水类类之左义以给於水高生代而出

没以为而水莲遂消息

流刻上下等值

内陸重

水面没陸一半

里也能开船。到1300年，意大利船只可一年四季都在海上航行了。

与此同时，其他一些航海仪器也相继投入使用。如测量船体运动速度的"水钟"采用后，便可以计算航行的距离。有系统的航行方向记录，也有为航海而编制的三角函数表，还有将尾舵安置在船的中心线上以控制方向的新技术，等等，这就使航海家们特别是意大利商船能及时标出其所在的方位了。

知识卡片

水钟

据埃及朝官阿门内姆哈特的墓志铭记载，此人曾于公元前1500年前后发明了水钟，一种"漏壶"。容器内的水面随着水的流出而下降，据此测出过去了多少时间。这类时钟对祭司特别有用，因为夜里他们需要了解时间，不致错过在神庙内举行宗教仪式和献技活动的既定时刻。现存最古老的水钟是阿孟霍特普三世（公元前14世纪）统治时期的产物——1905年在凯尔奈克的阿蒙神庙发现了它的残片。

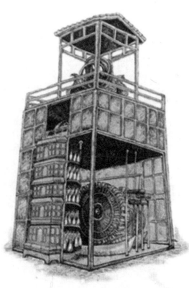

改进的欧洲水钟

第3章

近现代导航技术的发展

◎ “电子导航时代”的到来

◎ “无线电”导航的发展

◎ 首颗人造卫星“斯普特尼克”1号发射成功

◎ 人类进入“卫星导航时代”

◎ GPS全球定位系统的产生

一、"电子导航时代"的到来

第 3 章
近现代导航
技术的发展

纵观古代及近代欧洲的导航定位技术发展史，我们可以看到，在它发展的初始阶段就有着古代国家对于开拓航运事业的需求的因素。后来虽然历经中世纪黑暗时代，但是在文艺复兴之后，伴随着工匠、学者、政府、海员等多方面的共同需求和推进，一如当时的科技和社会，有"一只看不见的手引导他们对生活必需品

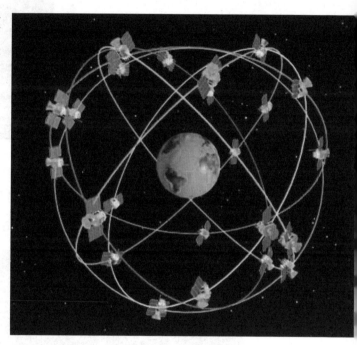

全球定位系统图

作出几乎同土地在平均分配给全体居民的情况下所能作出的一样的分配，从而不知不觉地增进了社会利益，并为不断增多的人口提供生活资料"。科技、商业因此开始飞速进步，导航技术也随之突飞猛进地发展起来。

导航发展到近现代，已经可以不需要自然或者人工的参照物来定位了，各种各样的导航技术纷纷出现，人类真正进入了电子导航时代。依据导航定位技术的方法不同，可分为航位推算导航、无线电导航、惯性导航、地图匹配、卫星导航和组合导航等等。

航位推算导航

航位推算导航是一种常用的自主式导航定位方法，它是根据运动体的运动方向和航向距离（或速度、加速度、时间）的测量，从过去已知的位置来推算当前的位置，或预期将来的位置，从而可以得到一条运动轨迹，以此来引导航行。航位推算导航系统的优点是低成本、自主性和隐蔽性好，且短时间内精度较高；其缺点是定位误差会随时间快速积累，不利于长时间工

欧洲伽利略卫星导航系统图

作，另外它得到的是车辆相对于某一起始点的相对位置。

伽利略全球卫星导航系统

GLONASS卫星

无线电导航

无线电导航的依据是电磁波的恒定传播速率和路径的可测性原理。无线电导航系统是借助于运动体上的电子设备接收无线电信号，通过处理获得的信号来获得导航参量，从而确定运动体位置的一种导航系统。无线电导航是目前广为发展与应用的导航手段，它不受时间、天气的限制，定位精度高、定位时间短，可连续地、实时地定位，并具有自动化程度高、操作简便等优点。但由于辐射或接收无线电信号的工作方式，使用易被发现，隐蔽性不好。

惯性导航

惯性导航是以牛顿力学三定律为基础的，将惯性空间的运载体引导到目标地的过程。惯性导航系统是利用惯性仪表（陀螺仪和加速度计）测量运动载体在惯性空间中的角运动和线运动，根据载体运动微分方程组实时地、精确地解算出运动载体的位置、速度和姿态角。目前应用中的惯性导航系统主要分为两类：机械平台式与捷联式。惯性导航系统的优点是自主性和隐蔽性好，同时具有全天候、多功能、机动灵活等特点，其缺点是定位误差随时间积累，初始对准比较困难，且成本高。

GLONASS卫星

地图匹配

地图匹配是一种基于软件技术的定位修正方法，将定位轨迹同高精度电子地图道路信息相比较，通过适当的匹配过程确定出车辆最可能的行驶路段及车辆在此路段中最可能的位置。地图匹配过程可分为两个相对独立的过程：一是寻找车辆当前行驶的道路；二是将当前定位点投影到车辆行驶的道路上。估计轨道与精确地图马路的误差，可以在估计轨道上的位置点使用一种恰当的方法来消除，这是一种缩小估计轨道与马路或者地理导航线距离误差的最优方法。地图匹配的优点是定位精度较高，其缺点是覆盖范围有限，自主性差。

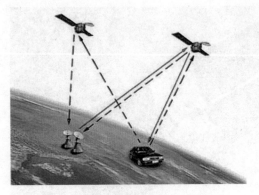

北斗卫星导航定位系统

北斗卫星导航定位系统

知识卡片

电子地图

电子地图，即数字地图，是利用计算机技术，以数字方式存储和查阅的地图。电子地图储存资讯的方法，一般使用向量式图像储存，地图比例可放大、缩小或旋转而不影响显示效果。早期使用位图式储存，地图比例不能放大或缩小。现代电子地图软件一般利用地理信息系统来储存和传送地图数据，也有其他的信息系统。

陀螺仪

利用高速回转体的动量矩敏感壳体相对惯性空间，绕正交于自转轴的一个或二个轴的角运动检测装置。利用其他原理制成的角运动检测装置，起同样功能的也称陀螺仪。

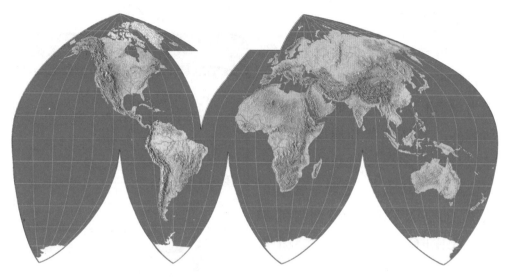

电子地图

陀螺仪

卫星导航

　　卫星导航是接收导航卫星发送的导航定位信号，并以导航卫星作为动态已知点，实时地测定运动载体的在航位置和速度，进而完成导航。卫星导航系统以全球定位系统（GPS）、全球导航卫星系统（GLONASS）、欧洲伽利略（GALILEO）卫星导航系统和北斗卫星导航定位系统为代表。

GPS

知识卡片

捷联式惯性系统

　　惯性测量元件（陀螺仪和加速度计）直接装在飞行器、舰艇、导弹等需要诸如姿态、速度、航向等导航信息的主体上，用计算机把测量信号变换为导航参数的一种导航技术。现代电子计算机技术的迅速发展为捷联式惯性导航系统创造了条件。自50年代末人们开始研究这种新型导航系统以来，它已成功地用于导引航天器再入大气层的飞行。捷联式惯性导航系统在美国"阿波罗"号飞船上作为备用系统曾发挥了作用。

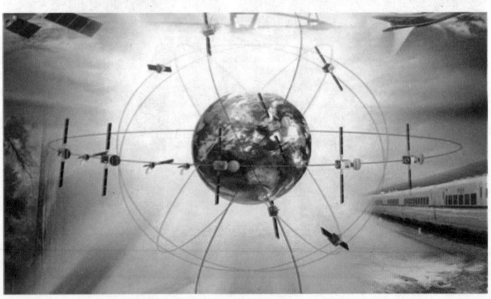

全球卫星导航系统

二、"无线电"导航的发展

无线电导航是20世纪一项重大的发明，电磁波第一个应用的领域是通信，而第二个应用领域就是导航。早在1912年就开始研制世界上第一个无线电导航设备，即振幅式测向仪，称无线电罗盘，工作

无线电导航测角系统

频率0.1～1.75兆赫兹。1929年根据等信号指示航道工作原理，研制了四航道信标，工作频率为0.2～0.4兆赫兹，已停止发展。1939年便开始研制仪表着陆系统，1940年则研制脉冲双曲线型的世界第一个无线电定位系统，工作频率为28～85兆赫兹。1943年，脉冲双曲线型中程无线电导航系统罗兰A投入研制，1944年又进行近程高精度台卡无线电导航系统的研制。

1960年以后，已经发展了不少新的地基无线电导航系统。例如，近程高精度的道朗、赛里迪斯、阿戈、马西兰、微波测距仪等；中程的有罗兰D和脉冲八；远程的恰卡、超远程的奥米加，突破在星基的全球导航系统，还有新的飞机着陆系统。同时还开始发展组合导航与综合导航系统，以及地形辅助导航系统等。

航空无线电导航台站电磁环境

无线电导航是所有导航手段中最重要的一种。由于电磁波的传播特性，发展异常迅速，迄今约有100个系统投入使用，而且已由陆基发展到星基，由单一功能发展到多功能；作用距离也由近及远并发展至全球定位精度则由粗到精，高达厘米量级；应用领域则由军事领域步入国民经济以及国计民生诸领域了。

随着电子科学技术的飞速发展，大规模与超大规模集成电路的问世，以及微处理器的普遍采用等，使得导航设备业已进入小型化、数字化与全自动化，进而使导航台站实现了无人值守。下面介绍目前世界上正在使用的典型的无线电导航系统。

无线电信标

1929年问世，精度3～100，目前全球约有10 000余个信标台，其中美国航空与航海信标分别为1 800个与200个，各拥有美国用户18万与50万个。我国第一个指向标台是1927年在长江花鸟山建成，1933年在山东成山头建第二座。目前约有各种信标台6 000余座，上万台无线电罗盘和信标台接收机，船用测向仪也有1 000台左右。虽然该类系统技术陈旧、精度又低，但价格低廉、使用简单、工作可靠，大量的民用飞机和小型船舶都用它。因此，它将作为一种低成本与备份导航系统保留到了21世纪。

无线电信标机

台卡系统

1944年问世，作用距离370千米，定位精度可达15米，主要在欧洲使用。其空中用户有1 000个，海上用户30 000有余，由于英国及其周围地区业已使用习惯，加上系统又作了技术改造，因此它作为这一区域性导航系统可望用到2014年。我国1973年研制成功，称"长河三号"。它采用低频连续波相位双曲线定位体制，共生产固定岸台34套，定位接收机253台。主要用于海上石油勘探和多次执行高精度重大科学试验任务。

伏尔测距器

分别诞生在1946年和1959年，作用距离在视线距离之内，现在全球约有VOR台2 000个，用户不下20万个；DME用户约9万个。由于GPS的起用，它们的作用就大大下降了。我国先后研制成功这两种无线电导航系统，一共建设有176套VOR和DME投人使用，使它成为我国民用航空的主要无线电导航系统。

伏尔仪表着陆系统测距器

罗兰A

问世于二十世纪40年代，工作频率为1 950千赫，用于海上作用距离白天700海里、夜间450海里。定位精度白天0.5海里、夜间数海里。全球建有83个台，罗兰C问世后该系统陆续退出历史舞台。1968年我国研制成功，叫"长河一号"工程，双曲线定位体制，覆盖我国沿海1 000千米海域，从北部海域到海南岛沿海岸建设了10座导航台，昼夜发射导航信号。舰船上安装"长河一号"船载定位仪，便可导航定位。共计生产了4 581台定位仪，系统一直使用到1995年是当时我国军民舰船的主要导航设备。

罗兰C

第一个台链1957年建成。作用距离地波2 000千米，天波4 000千米，定位精度地波460米，重复与相对精度为18～90米。目前全球共建了大小台链约20个，近100个地面台，拥有用户已超过100万个，而且还在大量增加。系统也还在发展，它作为军用已在美国完成历史使命，但作为民用将还在继续效力。原苏联的类似系统叫"恰卡"。1987年我国研制成功，称"长河二号"工程，它采用脉冲、相位双曲线定位体制，覆盖我国沿海全部海域，从南到北共建设六座脉冲功率为2兆瓦的大功率地

海军导航部队

海军导航部队

"长河二号"的应用

面导航台，它们分布在广西省境内二座，广东、江苏、山东、吉林省境内各一座，组成了我国南海、东海、北海三个导航定位台链，形成了我国独立自主控制使用的远程无线电导航系统。1993年东海、北海台链建成投入使用，共生产"长河二号"导航定位接收机4 500多台。

奥米加

奥米加导航系统是一种超远程双曲线无线电导航系统。它的作用距离可达1万多千米。只要设置8个地面台，它的工作区域就可覆盖全球。1972年，美国在北达科他州建立第一个奥米加正式导航台；1982年，在澳大利亚伍德赛德建成最后

使用"奥米加"系统的潜艇

使用"奥米加"系统的潜艇

一个台，共8个台。这8个奥米加导航台由多个国家管理，分布在美国的夏威夷和北达科他州以及挪威、利比里亚、留尼汪岛、阿根廷、澳大利亚和日本。我国曾进行过研究与试验，经仔细论证没必要发展而停止工作。

知识卡片

赫兹

赫兹也是国际单位制中频率的单位，它是每秒中的周期性变动重复次数的计量。赫兹的名字来自于德国物理学家海因里希·鲁道夫·赫兹。其符号是Hz。

地波

沿地面传播的无线电波叫地波，又叫表面波。电波的波长越短，越容易被地面吸收，因此只有长波和中波能在地面传播。地波不受气候影响，传播比较稳定可靠。但在传播过程中，能量被大地不断吸收，因而传播距离不远。所以地波适宜在较小范围里的通信和广播业务使用。

低频

指应用于某一技术领域中的最低频率范围。例如，无线电波段中，将30～300千赫范围内的频率称低频。

第 3 章
近现代导航
技术的发展

三、首颗人造卫星"斯普特尼克"1号发射成功

　　1957年10月4日，世界第一颗人造地球卫星高速穿过大气层进入了太空，绕地球旋转了1 400周。它的发射成功，是人类迈向太空的第一步，这就是前苏联发射的"人造地球卫星"1号，也就是"斯普特尼克"1号人造卫星。该卫星重量仅有83千克，发射于前苏联的拜科努尔发射场。

首颗人造卫星"斯普特尼克"1号

人造卫星

　　很早以前，当人们认识到月球是围绕地球旋转的唯一天然卫星时，就开始向往着制造人造地球卫星（简称人造卫星）。1882－1883年及1932－1933年曾两度举行了国际合作科学研究活动，参加的各国学者集中研究了地球的各种性质和与太空飞行有关的各种因素。特别是在第二次世界大战后，火箭技术发展迅速，人们已经看到：在积累了研制现代火箭系统经验的基础上，研制人造卫星已成为可能。1954年7月在维也纳召开的为1957年7月－1958年12月"国际地球物理年"进行准备的国际会议上，国际地球物理年的计划委员会通过一项正式决议，要求与会国对于在地球物理年计划利用人造卫星的问题给予关注。美国和前苏联积极响应，并开始为人造卫星及运载火箭的探索做准备工作。

1957年召开了第三次国际地球物理会议，美国和前苏联发表了使用人造卫星调查电离层和比电离层更高空间性质的计划，为人造卫星的发射谱写了前奏曲。在1956年末时，前苏联获悉美国的运载火箭已经进行了飞行实验，而前苏联正在研制的人造卫星较为复杂，短期内难以完成。为了提前发射，前苏联将原计划推迟，改为先发射两颗简易卫星。1957年8月，前苏联将P-7洲际导弹改装成的'卫星'号运载火箭首次全程试射成功。同年10月4日，前苏联用"卫星"号运载火箭将世界第一颗人造卫星送入太空。这个卫星带有两台无线电发射机、测量内部温压的感应元件、磁强计和辐射计数器，它的姿态控制采用最简单的自旋稳定方式。这颗卫星虽然简陋，但它却在国际上产生了巨大的影响，为人类的航天史开创了新纪元。

北斗卫星导航定位系统

卫星

人造卫星属于无人航天器，大致可分为三种类：科学卫星，用于科学探测和研究；技术实验卫星，为新技术进行试验；应用卫星，直接为国民经济和军事服务。

从地球有了第一颗人造卫星至今仅55年，各国的空间技术都有了突飞猛进的发展。20世纪50年代末到60年代初，人造卫星的发射主要用于探测地球空间环境和进行各种卫星技术试验。60年代中，人造卫星进入了应用阶段。70年代起，各种新型专用卫星的性能不断提高，诸多卫星已为人类作出了重要贡献，特别为人类导航技术的发展所作出的贡献更是无可限量。

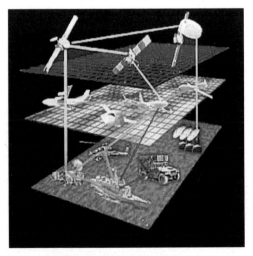

美国GPS全球卫星导航系统

知识卡片

卫星

卫星是指在围绕一颗行星轨道并按闭合轨道做周期性运行的天然天体，人造卫星一般亦可称为卫星。人造卫星是由人类建造，以太空飞行载具如火箭、航天飞机等发射到太空中，像天然卫星一样环绕地球或其它行星的装置。

磁强计

用于测定地磁场的大小与方向，即测定航天器所在处地磁场强度矢量在本体系中的分量。是测量磁感应强度的仪器。根据小磁针在磁场作用下能产生偏转或振动的原理制成。而从电磁感应定律可以推出，对于给定的电阻R的闭合回路来说，只要测出流过此回路的电荷q，就可以知道此回路内磁通量的变化。这也就是磁强计的设计原理，用途之一是用来探测地磁场的变化。

辐射

辐射有实意和虚意两种理解。实意可以指热，光，声，电磁波等物质向四周传播的一种状态。虚意可以指从中心向各个方向沿直线延伸的特性。辐射本身是中性词，但是某些物质的辐射可能会带来危害。

四、人类进入"卫星导航时代"

简单地说，卫星导航就是把地面导航台搬至空中人造地球卫星的无线电导航系统。自从人类成功发射人造卫星后，卫星在导航技术的发展上起到了突破性的作用。人类开始利用卫星去进行导航，从而进入了"卫星导航时代"。下面我们简单了解一下几种主要的卫星导航系统。

（1）子午仪卫星导航系统（NNSS）

该系统又称多普勒卫星定位系统，它是1958年底由美国海军武器实验室开始研制，于1964年建成的"海军导航卫星系统"。这是人类历史上诞生的第一代卫星导航系统。

1957年10月前苏联成功发射了第一颗人造卫星后，美国霍普金斯大学应用物理实验室的吉尔博士和魏分巴哈博士对卫星遥测信号的多普勒频移产生了浓厚的兴趣。经研究他们认为：利用卫星遥测信号的多普勒效应可对卫星精确定轨；而该实验室的克什纳博士和麦克卢尔博士则认为已知卫星轨道，利用卫星信号的多普勒效应可确定观测点的位置。霍普金斯大学应用物理实验室研究人员的工作，为多普勒卫星定位系统的诞生奠定了坚实的基础。而当时美国海军正在寻求一种可以对北极星潜艇中的惯性导航系统进行间断精确修正方法，于是美国军方便积极资助霍普金斯大学应用物理实验室开展进一步的深入研究。

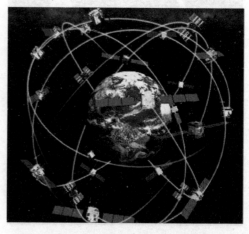

子午仪卫星导航系统

经过众人的努力子午卫星导航系统于1964年1月正式建成并投入军方使用，直至1967年7月该系统才由军方解密供民间使用。此后用户数量迅速增长，最多达9.5万户，而军方用户最多时只有650个，不足总数的1%，可见因生产的需要民间用户远远大于军方。

由于它不能连续定位，且两次定位之间间隔比较长、加之先进的真正的全球卫星导航系统GPS的问世，因此子午仪业已从1990年就开始被淘汰，到1996年底就终止使用。届时，第一代卫星导航系统将永远退出历史舞台，但它把地面导航台搬至空中的历史性功绩也将永远载入史册。

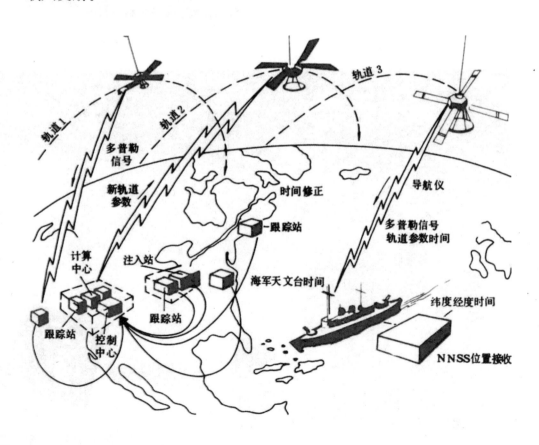

子午仪卫星导航系统的组成

（2）全球定位系统（GPS）

1973年12月，美国国防部批准陆、海、空三军联合研制第二代的卫星导航系统——全球定位系统（GPS）。

该系统是以卫星为基础的无线电导航系统，具有全能性（陆地、海洋、航空、航天）、全球性、全天候、连续性、实时性的导航、定位和定时等多种功能。能为各类静止或高速运动的用户迅速提供精密的瞬间三维空间坐标、速度矢量和精确授时等多种服务。

运用GPS技术的导航仪

GPS使用的另一导航卫星系统

（3）全球导航定位系统（GLONASS）

这个系统是1982年底由前苏联开始承建，期间因前苏联解体，几经周折最后由俄罗斯于1996年建成全球导航定位系统。该系统与美国的全球定位系统同属于第二代卫星定位系统。

（4）双星导航定位系统（北斗一号）

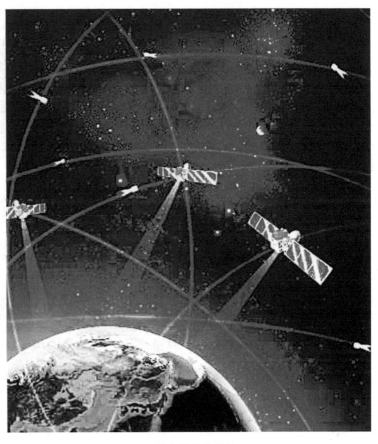

双星导航定位系统

1982年7月，美国三位科学家提出主动式卫星导航通信系统，并在1982年12月完成了总体设计，定名为GEOSTAR，该系统是一个局域实时导航定位系统。据1991年9月的报导，由于GEOSTAR系统缺乏竞争能力，拟投资的用户日渐减少，最后不得不中断该系统的建设。而我国类似GEOSTAR系统的双星导航定位系统（北斗一号），已在2000年底发射了两颗同步静止定位卫星，并完成了大量的测试工作。这个系统的第三颗同步静止定位卫星，在2003年5月25日发射，在6月3日5时顺利定点，系统大功告成。

（5）伽俐略系统（GNSS）

从1994年欧盟已开始对伽利略（GNSS）系统方案实施论证。2000年欧盟已向世界无线电委员会申请并获准建立伽利略（GNSS）系统的L频段的频率资源。2002年3月欧盟15国交通部长一致同意伽利略（GNSS）系统的建设。该系统由欧盟各政府和私营企业共同投资（36亿欧元），是将来精度最高的全开放的新一代定位系统。

欧洲伽利略导航定位系统

虽然现在全球有好几个卫星定位系统，可是应用最广泛的是GPS全球定位系统。我们将会在下文详细介绍这个系统。

知识卡片

多普勒效应

多普勒效应是为纪念奥地利物理学家及数学家克里斯琴·约翰·多普勒而命名的，他于1842年首先提出了这一理论。主要内容为：物体辐射的波长因为光源和观测者的相对运动而产生变化。

频率

频率，是单位时间内完成振动的次数，是描述振动物体往复运动频繁程度的量。为了纪念德国物理学家赫兹的贡献，人们把频率的单位命名为赫兹，简称"赫"。

五、GPS全球定位系统的产生

GPS系统的前身为美军研制的一种子午仪卫星定位系统，1958年研制，1964年正式投入使用。该系统用5～6颗卫星组成的星网工作，每天最多绕过地球13次，并且无法给出高度信息，在定位精度方面也不尽如人意。然而子午仪系统使得研发部门对卫星定位取得了初步的经验，并验证了由卫星系统进行定位的可行性，为GPS系统的研制埋下了铺垫。由于卫星定位显示出在导航方面的巨大优越性及子午仪系统存在对潜艇和舰船导航方面的巨大缺陷。美国海、陆、空三军及民用部门都感到迫切需要一种新的卫星导航系统。

GPS卫星

为此，美国海军研究实验室提出了用12～18颗卫星组成10 000千米高度的全球定位网计划，并于1967年、1969年和1974年各发射了一颗试验卫星，在这些卫星上初步试验了原子钟计时系统，这是GPS系统精确定位的基础。而美国空军则提出了621－B的以每星群4～5颗卫星组成3～4个星群的计划，这些卫星中除1颗采用同步轨道外其余的都使用周期为24小时的倾斜轨道。该计划以伪随机码为基础传播卫星测距信号，其强大的功能，当信号密度低于环境噪声的1%时也能将其检测出来。伪随机码的成功运用是GPS系统得以取得成功的一个重要基础。海军的计划主要用于为舰船提供低动态的二维定位，空军的计划能供提供高动态服务，然而系统过于复杂。由于同时研制两个系统会造成巨大的费用

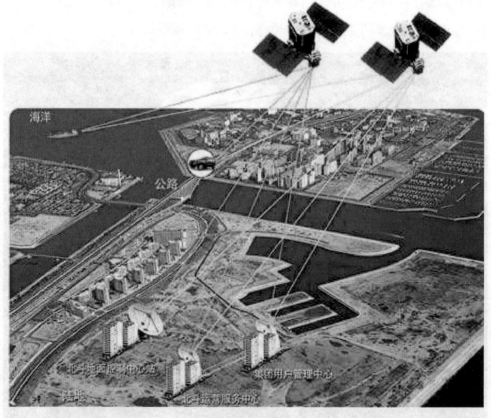

GPS应用于军事

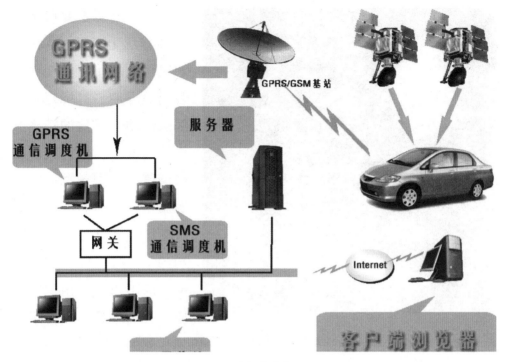

GPS的各种用途

而且这里两个计划都是为了提供全球定位而设计的，所以1973年美国国防部将二者合二为一，并由国防部牵头的卫星导航定位联合计划局领导，还将办事机构设立在洛杉矶的空军航天处。该机构成员众多，包括美国陆军、海军、海军陆战队、交通部、国防制图局、北约和澳大利亚的代表。

最初的GPS计划在联合计划局的领导下诞生了，该方案将24颗卫星放置在互成120度的三个轨道上。每个轨道上有8颗卫星，地球上任何一点均能观测到6至9颗卫星。这样，粗码精度可达100米，精码精度为10米。由于预算压缩，GPS计划不得不减少卫星发射数量，改为将18颗卫星分布在互成60度的6个轨道上。然而这一方案使得卫星可靠性得不到保障。1988年又进行了最后一次修改，将21颗工作星和3颗备用星工作在互成30度的6条轨道上，这也是现在GPS卫星所使用的工作方式。

gps卫星均采用高精度的原子钟

GPS最初主要用于军事和涉及国家重要利益的民用领域，可实现飞机舰船的导航、目标定位、部队调动、武器的精确制导等。鉴于GPS巨大的实用价值，美国前总统克林顿颁布法令，将GPS向民用领域免费开放，同时在2000年5月1日起停止SA政策，即不再对民用定位码加入人为干扰，使民用定位精度大大提高。现在GPS已发展成为一个高速成长的产业。

进入二十世纪90年代以来，GPS在宇航领域地位得到认可，1993年此项开放用于民用后，立刻显示了广泛的应用前景。特别得到公安、金融、保险、交通、运输等部门的广泛关注。目前，GPS精密定位技术已经广泛地渗透到经济建设和科学技术等许多领域，如大地测量、资源勘测、航空、卫星遥感、运动物件的定位和测速以及精密时间的传递。GPS的商业化主要体现在接收机上，随着其价格的下降，GPS市场将会呈指数增长。车辆定位是GPS商业化的一个重要领域，近年来日本在研制和制造轿车导航系统方面已成为同行的领先者。

知识卡片

原子钟

采用原子能级跃迁吸收或发射一定频率的电磁波作为基本频率振荡源的精密计时仪器。它最初本是由物理学家创造出来用于探索宇宙本质的；他们从来没有想过这项技术有朝一日竟能应用于全球的导航系统上。

第 **4** 章

GPS全球定位系统的发展

◎ GPS的基本原理

◎ GPS的组成部分

◎ GPS的特点

◎ GPS的种类

◎ GPS在新世纪的发展

第4章 一、GPS的基本原理

GPS全球定位系统的发展

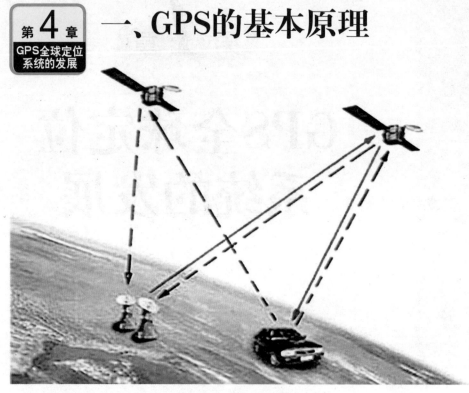

GPS工作原理示意图

GPS的工作原理，简单地来说是利用我们熟知的几何与物理上一些基本原理。首先我们假定卫星的位置为已知，而我们又能准确测定我们所在地点A到卫星之间的距离，那么A点一定是位于以卫星为中心、所测得距离为半径的圆球上。进一步，我们又测得点A至另一卫星的距离，则A点一定处在前后两个圆球相交的圆环上。我们还可测得与第三个卫星的距离，就可以确定A点只能是在三个圆球相交的两个点上。根据一些地理知识，可以很容易排除其中一个不合理的位置。当然也可以再测量A点到另一个卫星的距离，也能精确进行定位。以上所说，要实现精确定位，要解决两个问题：首先是要确知卫星的准确位置；其次是要准确测定卫星至地球上我们所在地点的距离，下面我们看看怎样来做到这点。

　　要确知卫星所处的准确位置，首先，要通过深思熟虑优化设计卫星运行轨道，而且要由监测站通过各种手段，连续不断监测卫星的运行状态，适时发送控制指令，使卫星保持在正确的运行轨道。将正确的运行轨迹编成星历注入卫星，由卫星发送给GPS接收机。正确接收每个卫星的星历，就可确知卫星的准确位置。

　　这个问题解决了，接下来就要解决准确测定地球上某用户至卫星的距离。卫星是远在地球上层空间，又是处在运动之中，我们不可能象在地上量东西那样用尺子来量，那么又是如何测定卫星至用户的距离呢？

我们过去都学过这样的公式：时间×速度=距离。我们也从物理学中知道，电波传播的速度是每秒30万千米，所以我们只要知道卫星信号传到我们这里的时间，就能利用速度乘时间等于距离这个公式，来求得距离。所以，问题就归结为测定信号传播的时间。

太空中的导航卫星

要准确测定信号传播时间，要解决两方面的问题。一个是时间基准问题。就是说要有一个精确的时钟。就好比我们日常量一张桌子的长度，要用一把尺子。假如尺子本身就不标准，那量出来的长度就不准。另一个就是要解决测量的方法问题。

关于时间基准问题，GPS系统在每颗卫星上装置有十分精密的原子钟，并由监测站经常进行校准。卫星发送导航信息，同时也发送精确时间信息。GPS接收机接收此信息，使与自身的时钟同步，就可获得准确的时间。所以GPS接收机除了能准确定位之外，还可产生精确的时间信息。而测定卫星信号传输时间的方法，为了避免采用过多的技术术语，我们先作一个不太恰当的比喻。我们在所处的地点和卫星上同时启动录音机来播放同一首乐曲，那么，我们应该能听到一先一后两首曲子（实际上，卫星上播放的曲子，我们不可能听见，只是假想能够听到），但一定是不合拍的。

收听东方红乐曲

太空中的导航卫星

　　为了使两者合拍，我们延迟启动地上录音机的时间。当我们听到两支曲子合拍时，启动录音机所延迟的时间就等于曲子从卫星传送到地上的时间。当然，电波比声波速度高得多，电波也不能用耳朵来接收。所以，实际上我们播送的不是真正的乐曲，而是一段叫做伪随机码的二进制电码。延迟GPS接收机产生的伪随机码，使与接收到卫星传来的码字同步，测得的延迟时间就是卫星信号传到GPS接收机的时间。至此，我们也就解决了测定卫星到用户的距离。

　　当然，上面说的都还是十分理想的情况。实际情况比上面说的要复杂得多，所以我们还要采取一些对策。例如：电波传播的速度，并不总是一个常数。在通过电离层中电离子和对流层中水气的时候，会产生

原子钟

一定的延迟。一般我们这可以根据监测站收集的气象数据，再利用典型的电离层和对流层模型来进行修正。还有，在电波传送到接收机天线之前，还会产生由于各种障碍物与地面折射和反射产生的多径效应。这在设计GPS接收机时，要采取相应措施。当然，这要以提高GPS接收机的成本为代价。原子钟虽然十分精确，但也不是一点误差也没有。GPS接收机中的时钟，不可能象在卫星上那样，设置昂贵的原子钟，所以就利用测定第四颗卫星，来校准GPS接收机的时钟。

　　每测量三颗卫星可以定位一个点。利用第四颗卫星和前面三颗卫星的组合，可以测得另一些点。理想情况下所有测得的点，都应该重合末，但实际上并不完全重合。利用这一点，反过来可以校准GPS接收机的时钟。测定距离时选用卫星的相互几何位置，对测定的误差也不同。为了精确的定位可以多测一些卫星，选取几何位置相距较远的卫星组合，测得误差要小。

　　在我们提到测量误差时，还有一点要提到，就是美国的SA政策。美国政府在GPS设计中，计划提供两种服务。一种为标准定位服务（SPS），利用粗码（C/A）定位，精度约为100米，提供给民用。另一种为精密定位服务（PPS），利用精码（P码）定位，精度达到10米，提供给军方和特许民间用户使用。由于多次试验表明，SPS的定位精度已高于原设计，美国政府出于对自身安全的考虑，对民用码进行了一种称为"选择可用性SA"的干扰，以确保其军用系统具有最佳的有效性。由于SA通过卫星在导航电文中随机加入了误差信息，使得民用信号的定位精度降到100米左右。采用差分GPS技术（DGPS），可消除以上所提到大部分误差，以及由于SA所造成的干扰，从而提高卫星导航定位的总体精度，使系统误差达到10～15米之内。

性能卓越的定位定向GPS接收机

电离层

　　在GPS定位过程中，存在三部分误差。一部分是对每一个用户接收机所共有的，例如，卫星钟误差、星历误差、电离层误差、对流层误差等；第二部分为不能由用户测量或由校正模型来计算的传播延迟误差；第三部分为各用户接收机所固有的误差，例如内部噪声、通道延迟、多径效应等。利用差分技术第一部分误差可完全消除，第二部分误差大部分可以消除，这和基准接收机至用户接收机的距离有关。第三部分误差则无法消除，只能靠提高GPS接收机本身的技术指标。对美国SA政策带来的误差，实质上它是人为地增大前两部分误差，所以差分技术也相应克服SA政策带来的影响。假如在距离用户500千米之内，设置一部基准接收机。它和用户接收机同时接收某一卫星的信号，那么我们可以认为信号传至两部接收机所途经电离层和对流层的情况基本是相同，故所产生的延迟也相同。由于接收同一颗卫星，故星历误差、卫星时钟误差也相同。若我们通过其它方法确知所处的三维座标（也可以用精度很高的GPS接收机来实现，其价格比一般GPS接收机高得多），那就可从测得伪距中，推算其中的误差。将此

误差数据传送给用户，用户就可从测量所得的伪距中扣除误差，就能达到更精确的定位。

知识卡片

星历

由卫星向用户接收机发送的数据之一，用以描述该卫星时空位置的参量。在GPS测量中，是指天体运行随时间而变的精确位置或轨迹表，它是时间的函数。

电码

是利用若干个有、无电流脉冲或正负电流脉冲所组成的不同的信号组合，其中每一个信号组合代表一个字母、数字或标点符号。

电离层

有大量离子和自由电子，足以反射电磁波的部分大气层。距地面高度70～500 km。

对流层

大气最下层厚度（8～17 km）随季节和纬度而变化，随高度的增加平均温度递减率为6.5℃／千米，有对流和湍流。天气现象和天气过程主要发生在这一层。

二、GPS的组成部分

第4章
GPS全球定位系统的发展

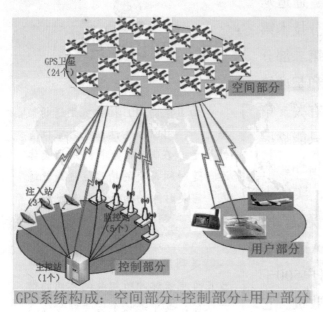

GPS系统的构成

全球卫星定位系统GPS是美军70年代初在"子午仪卫星导航定位"技术上发展而起的具有全球性、全能性（陆地、海洋、航空与航天）、全天候性优势的导航定位、定时、测速系统。GPS由三大子系统构成：空间卫星系统、地面监控系统、用户接收系统。

（1）空间卫星系统

空间卫星系统由均匀分布在6个轨道平面上的24颗高轨道工作卫星构成，各轨道平面相对于赤道平面的倾角为55°，轨道平面间距60°。在每一轨道平面内，各卫星升交角距差90°，任一轨道上的卫星比西边相邻轨道上的相应卫星超前30°。事实上，空间卫星系统的卫星数量要超过24颗，以便及时更换老化或损坏的卫星，保障系统正常工作。这个卫星系统能够保证在地球的任一

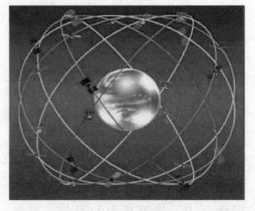

24颗卫星包括21颗工作卫星和3颗备用卫星

地点向使用者提供4颗以上可视卫星。空间系统的每颗卫星每12小时（恒星时）沿近圆形轨道绕地球一周，向全球的用户接收系统连续地播发GPS导航信号。GPS工作卫星组网保障全球任一时刻、任一地点都可对4颗以上的卫星进行观测（最多可达11颗），实现连续、实时地导航和定位。

GPS卫星向广大用户发送的导航电文是一种不归零的二进制数据码D。为了节省卫星的电能、增强GPS信号的抗干扰性、保密性，实现遥远的卫星通讯，GPS卫星采用伪噪声码对D码作二级调制，即先将D码调制成伪噪声码（P码和C／A码），再将上述两噪声码调制在L1、L2两载波上，形成向用户发射的GPS射电信号。P码为精确码，美国为了自身的利益，只供美国军方、政府机关以及得到美国政府批准的民用用户使用，C／A码为粗码，其定位和时间精度均低于P码。目前，全世界的民用客户均可不受限制地免费使用。

（2）地面监控系统

地面监控系统由均匀分布在美国本土和三大洋的美军基地上的5个监测站、一个主控站和三个注入站构成。该系统的功能是：对空间卫星系统进行监测、控制，并向每颗卫星注入更新的导航电文。

（3）用户接收系统

用户设备部分即GPS信号接收机。其主要功能是能够捕获到按一定卫星截止角所选择的待测卫星，并跟踪这些卫星的运行。当接收机捕获到跟踪的卫星信号后，就可测量出接收天线至卫星的伪距离和距离的变化率，解调出卫星轨道参数等数据。根据这些数据，接收机中的微处理计算机就可按定位解算方法进行定位计算，计算出用户所在

GPS信号接收机

地理位置的经纬度、高度、速度、时间等信息。接收机硬件和机内软件以及GPS数据的后处理软件包构成完整的GPS用户设备。GPS接收机的结构分为天线单元和接收单元两部分。接收机一般采用机内和机外两种直流电源。设置机内电源的目的在于更换外电源时不中断连续观测。在用机外电源时机内电池自动充电。关机后机内电池为RAM存储器供电，以防止数据丢失。目前各种类型的接受机体积越来越小，重量越来越轻，便于野外观测使用。其次则为使用者接收器，现有单频与双频两种，但由于价格因素，一般使用者所购买的多为单频接收器。

完全无线一体化GPS接收机

知识卡片

载波

可通过调制来强制它的某些特征量仿随某个信号的特征值或另一个振荡的特征值而变化，通常是周期性的电振荡波。

二进制

二进制是计算技术中广泛采用的一种数制。二进制数据是用0和1两个数码来表示的数。它的基数为2，进位规则是"逢二进一"，借位规则是"借一当二"，由18世纪德国数理哲学大师莱布尼兹发现。当前的计算机系统使用的基本上是二进制系统。

直流电

直流电，是指方向和时间不作周期性变化的电流，但电流大小可能不固定，而产生波形，又称恒定电流。所通过的电路称直流电路，是由直流电源和电阻构成的闭合导电回路。

三、GPS的特点

GPS导航定位以其高精度、全天候、高效率、多功能、操作简便、应用广泛等特点著称。

（1）定位精度高。应用实践已经证明，GPS相对定位精度在50千米以内可达10^{-6}，100～500千米可达10^{-7}，1000千米可达10^{-9}。在300～1500米工程精密定位中，1小时以上观测的解其平面其平面位置误差小于1毫米，与ME-5000电

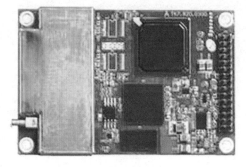

提高导航定位精度和抗干扰能力

磁波测距仪测定的边长比较，其边长较差最大为0.5毫米，校差中误差为0.3毫米。

（2）观测时间短。随着GPS系统的不断完善，软件的不断更新，目前20千米以内相对静态定位，仅需15～20分钟；快速静态相对定位测量时，当每个流动站与基准站相距在15KM以内时，流动站观测时间只需1～2分钟，然后可随时定位，每站观测只需几秒钟。

（3）测站间无须通视。GPS测量不要求测站之间互相通视，只需测站上空开阔即可，因此可节省大量的造标费用。由于无需点间通视，点位位置可根据需要可稀可密，使选点工作甚为灵活，也可省去经典大地网中的传算点、过渡点的测量工作。

（4）可提供三维坐标。经典大地测量将平面与高程采用不同方法分别施测。GPS可同时精确测定测站点的三维坐标。目前GPS水准可满足四等水准测量的精度。

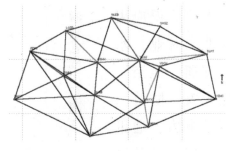

GPS在城市中采集的三维坐标

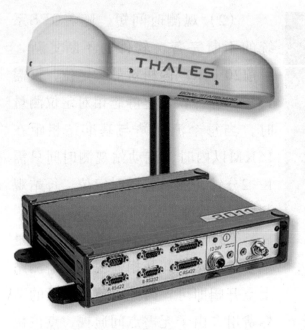

GPS接收机

（5）操作简便。随着GPS接收机不断改进，自动化程度越来越高，有的已达"傻瓜化"的程度。接收机的体积越来越小，重量越来越轻，极大地减轻测量工作者的工作紧张程度和劳动强度，使野外工作变得轻松愉快。

（6）全天候作业。目前GPS观测可在一天24小时内的任何时间进行，不受阴天黑夜、起雾刮风、下雨下雪等气候的影响。GPS能为全球任何地点或近地空间的各类用户提供连续的、全天候的导航能力，用户不用发射信号，因而能满足无限多的用户使用。

（7）功能多、应用广泛。GPS是军民两用的系统，其应用范围极其广泛，在军事上，GPS将成为自动化指挥系统，在民用上可广泛应用于农业、林业、水利、交通、航空、测绘、安全防范、军事、电力、通讯多个领域，尤其以

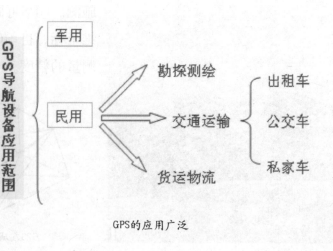

GPS的应用广泛

（8）抗干扰能力强、保密性好。GPS采用扩频技术和伪码技术，用户只需接收GPS的信号，自身不会发射信号，因而不会受到外界其他信号源的干扰。

军民通用型多用途直升机

地面移动目标监控在GPS应用方面最具代表性和前瞻性。GPS系统不仅可用于测量、导航，还可用于测速、测时。测速的精度可达0.1M/S，测时的精度可达几十毫微秒，其应用领域不断扩大。

知识卡片

定位精度

空间实体位置信息（通常为坐标）与其真实位置之间的接近程度。

静态定位

是指将全球卫星定位系统接收机静置在固定测站上，观测数分钟至2小时或更长时间，以确定测站位置的卫星定位，是不考虑轨道的有无、决定点位置的定位应用。

动态定位

是以确定与各观测站相应的、运动中的、接收机载体的位置或轨迹的卫星定位。定位时至少应有1台接收机处于运动状态。

四、GPS的种类

第4章
GPS全球定位系统的发展

GPS卫星接收机种类很多，根据型号分为测地型、全站型、定时型、手持型、集成型；根据用途分为车载式、船载式、机载式、星载式、弹载式。如果按接收机的用途分类，有导航型接收机。此类型接收机主要用于运动载体的导航，它可以实时给出载体的位置和速度。这类接收机价格便宜，应用广泛。根据应用领域的不同，此类接收机还可以进一步分为：车载型——用于车辆导航定位；航海型——用于船舶导航定位；航空型——用于飞机导航定位。由于飞机运行速度快，因此在航空上用的接收机要求能适应高速运动；星载型——用于卫星的导航定位。由于卫星的速度高达7km/s以上，因此对接收机的要求更高。有测地型接收机。测地型接收机主要用于精密大地测量和精密工程测量。这类仪器主要采用载波相位观测值进行相对定位，定

位精度高。仪器结构复杂，价格较贵。还有授时型接收机。这类接收机主要利用GPS卫星提供的高精度时间标准进行授时，常用于天文台及无线电通讯中。另外再详细介绍几种主要的GPS。

（1）测地型GPS

测地型接收机主要用于精密大地测量和精密工程测量。这类仪器主要采用载波相位观测值进行相对定位，定位精度高。仪器结构复杂，价格较贵。根据使用用途和精度，又分为静态（单频）接收机和动态（双频）接收机。

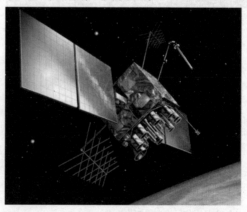

GPS卫星

（2）车载GPS

当通过硬件和软件做成GPS定位终端用于车辆定位的时候，称为车载GPS,但光有定位还不行，还要把这个定位信息传到报警中心或者车载GPS持有人那里，我们称为第三方。所以GPS定位系统中还包含了GSM网络通讯（手机通讯），通过GSM网络用短信的方式把卫星定位信息发送到第三方。通过微机解读短信电文，在电子地图上显示车辆位置。这样就实现了车载GPS

车载GPS

定位。与此同时，在车上安装相应的探测传感器，利用车载GPS定位的GSM网络通讯功能，同样能把防盗报警信息发送到第三方，或者把这个报警电话、短信直接发送到车主手机上，完成车载GPS防盗报警。这里可以看出，车载GPS定位的GSM网络部分实际上是一个智能手机，可以和第三方互相通讯，还可以把车辆被抢、司机被劫、被绑架等信息发送到第三方。所以说车载GPS定位是定位、防盗、防劫的。目前市场销售很广阔，经常被大家提及的是一般的民用的导航GPS，这样的GPS主要是给汽车定位、导航。目前越来越发达的道路，错综复杂的高架桥给驾驶者带来越来越难分辨的道路。导航车载GPS的应用给驾驶者带来了极大的方便。而且现在的导航GPS还具有提前预警电子眼、查询全国旅游景点、酒店等服务，给旅游者也带来了极大的方便。

车载GPS

（3）类似车载GPS

类似车载GPS终端的还有定位手机、个人定位器等。GPS卫星定位由于要通过第三方定位服务，所以要交纳不等的月/年服务费。目前所有的GPS定位终端，都没有导航功能。因为再需要增加硬件和软件，成本提高。我们在电视里看到的车载GPS广告，和上述的车载GPS完全是两回事。它是一种GPS导航产品，当需要导航时，首先定位，也就是导航的起点，这与真正的GPS定位是不同的，它不能把定位信息传送到第三方和持有人那里，因为导航仪中缺少手机功能。比如你把导航仪放在车里，你朋友把车借开走了，导航仪不能发信息给你，那你就无法查找车辆位置。所以导航仪是不能定位的。你说我买的是导航手机该行了吧，你想想，你把导航手机放在车上，现在车被盗了，那个手机会自己给你或第三方打电话发短信吗？它是需要人来操作的。所以说目前的导航终端都没有定

手机GPS导航功能

位功能。导航终端可以导航路线，让你在陌生的地方不迷路，划出路线让你到达目的地，告诉你自己当前位置，和周边的设施等等。中国目前在GPS应用上取得了很大的市场。其中有很多公司是导航的，但是也有在GPS行业做定位管理的。各种GPS/GIS/GSM/GPRS车辆监控系统软件、GSM和GPRS移动智能车载终端、系统的二次开发车辆监控系统整体搭建方案等，广泛应用于公安、医疗、消防、交通、物流等领域。

知识卡片

微机

微型计算机简称"微型机"、"微机"，由于其具备人脑的某些功能，所以也称其为"微电脑"。是由大规模集成电路组成的、体积较小的电子计算机。它是以微处理器为基础，配以内存储器及输入输出（I/O）接口电路和相应的辅助电路而构成的裸机。

电子眼

"电子眼"又称"电子警察"，是"智能交通违章监摄管理系统"的俗称，1997年在深圳研制成功后开始逐步推广使用。电子眼是通过对车辆检测、光电成像、自动控制、网络通信、计算机等多种技术，对机动车闯红灯、逆行、超速、越线行驶、违例停靠等违章行为，实现全天候监视，捕捉车辆违章图文信息，并根据违章信息进行事后处理，是一种新的交通管理模式。

街头电子眼

五、GPS在新世纪的发展

第4章
GPS全球定位系统的发展

20世纪70年代，美国国防部建立了GPS。该系统在海湾战争、沙漠之狐行动、科索沃战争和阿富汗战争中都得到了广泛的应用。尤其在阿富汗战争中，GPS/INS制导武器得到普遍运用，对战争的进程和发展起到了决定性作用。为了保住全球霸主地位，美国一方面极力阻挠欧盟"伽利略"计划的实施，另一方面不断投入巨资更新完善GPS系统，并对GPS系统进行技术攻关。

（1）GPS星座卫星的更新换代

GPS系统星座最初使用的是Block-Ⅰ卫星，接着使用的是Block-Ⅱ、ⅡA，后来是Block-ⅡR，最近使用的是改进型Block-ⅡR、ⅡF。1997年，由洛马公司生产的Block-ⅡR卫星开始替换1989—1996年期间发射的Block-Ⅱ和Block-ⅡA卫星，并于同年发射了首颗Block-ⅡR卫星。Block-ⅡR卫星的设计寿命由Block-ⅡA的7.5年延长到10年。与Block-ⅡA卫星相比，Block-ⅡR抗核辐射和抗激光照射能力都有所提高。在Block-ⅡR的设计要求中就有具备经过核战争而生存下来的能力这一项。另外，卫星的天线经过新的设计，加强了抗干扰能力。为了满足军用和民用领域在2030年左右的需求，美国已着手

阿富汗战争

开发新一代卫星Block-Ⅲ，美国空军几乎同时给波音和洛马空间系统公司签发了各为1 600万美元的合同，让这两个公司在2003年前完成Block-Ⅲ的设计及体系结构研究工作。Block-Ⅲ星座将大大加强M码信号的功率，其做法是添加额外的点波束，给正在工作或关注的特别地区输入更多的功率。这两家公司进行的体系结构研究是整个3阶段计划的第1阶段，目的是研究未来GPS卫星导航的需求，讨论并制定Block-Ⅲ型卫星系统结构、系统安全性、可靠程度和各种可能的风险。

GPS卫星更新换代

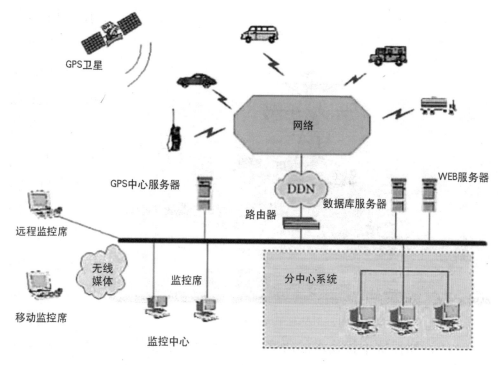

量子定位系统

（2）GPS领域的革命——量子定位系统

当前的GPS是一种卫星无线电定位、导航与授时系统，是通过发射电磁脉冲并且测量它们到达待定点的时延来实现定位的。这种方法的精度受到信号功率和带宽的限制。为了克服这些缺点，美国麻省理工学院（MIT）的研究人员正在研究一种基于量子的定位系统，称为量子定位系统。

内置GPS定位系统的轻便仪器

采用G—STAR抗干扰系统

（3）加强抗干扰技术的研究

美军施里弗空军基地发言人表示，美军已能做到有选择性地干扰某些地区GPS卫星信号，却不影响已方精确军事应用。在最近的阿富汗战争中，美国就是这么做的。但在军用GPS领域，如何摆脱敌方对GPS的干扰仍是一个很难解决的问题。多年来，美国研究人员一直在研究如何提高GPS系统的抗干扰能力。现在，新型抗干扰GPS接收机G-STAR诞生。提高GPS接收机的抗干扰性能也是一种有效的GPS抗干扰技术。美国洛马公司和洛克威尔·柯林斯公司共同开发了GPS时空抗干扰接收机，也就是G-STAR。还有值得一提的是，为了能够在某些区域内有选择性地拒收非军事信号，以保证战区的正常连续军事服务，在未来冲突中美军方将对GPS进行干扰，以防被敌方利用，而美军能在干扰环境下使用GPS信号。

知识卡片

电磁脉冲

指围绕整个系统具有宽带大功率效应的脉冲。例如在核爆炸时就会对系统产生这种影响。

激光

由受激发射的光放大产生的辐射，最初的中文名叫做"镭射"。

第5章

走进生活
——小导航大用途

◎ 战场上的“侦察兵”

◎ 无所不知的“导游”

◎ 从“测量”到“自动化”

◎ 坐标是救援的重要手段

◎ “精准授时”是GPS的核心服务

一、战场上的"侦察兵"

军人手中的手持式GPS

GPS可为全球范围内的飞机、舰船、地面部队、车辆、低轨道航天器，提供全天候、连续、实时、高精度的三维位置、三维速度以及时间数据。其主要任务是使海上舰船、空中飞机、地面用户及目标、近地空间飞行的导弹以及卫星和飞船，实现各种天气条件下连续实时的高精度三维定位和速度测定，还用于大地测量和高精度卫星授时等。是作航空、航海、陆上、导弹定位用的导航系统。在信息化时代，GPS已成为高技术战争的重要支持系统。它极大地提高了军队的指挥控制、多军兵种协同作战和快速反应能力，大幅度地提高了武器装备的打击精度和效能。

GPS在战场上的作用很大。在1990年的海湾战争中，虽然当时GPS系统还未全面建成，空间只有部分GPS卫星在运行，但它在多国部队多兵应用，显示了它的优越性，发挥了很大的作用。战争初期，美国装备了900套GPS接收机，在战争中迅速增加，到战争后期装备了5 000多套。连同它的盟国部队共装备了10 000多套。直到战争结束还有数千套合同产品还在生产中。因为当时多国部队是跨国界、跨地区作战，地理环境相当陌生，仅依靠地图是实在有限的，据说正是因为有了手持型GPS的帮助，才使许多美国士兵得以生还。事实证明它最适合单兵及快速反应部队行动，因为它满足快速、灵活、多变的战时环境，功效是传统导航工具无法达到的。目前已成为许多国外士兵的标准装备之一。

首先是空中轰炸。安装GPS接收机的飞机，不仅改善了导航精度，并且由于把要轰炸的目标作为一个"航路点"，有效改善炸弹投放精度。利用GPS导航功能，战斗机的飞行与投弹不受白天黑夜、可视距离的影响，可以避开敌方雷达视距低空穿越飞行，减少损失，重创敌人。

然后是搜索救援。始终监视救援范围内的情况，跟踪目标。根据GPS测定的位置组织救援，提高救援成功率。或配备带有GPS接收机的紧急求救无线发信装置（一般放在头盔上）的指战员们主动求救。

GPS制导导弹

GPS制导导弹

GPS制导有精度高、制导方式灵活等特点，已成为精确制导武器的一种重要制导方式。导弹弹头上安装GPS接收机，随时测定导弹位置，进行弹道偏差修正，准确命中目标。命中目标的误差可达到1米，并且命中目标的误差不受导弹射程（即使为数千千米）的影响。在近几场高技术局部战争中，美军使用精确制导导弹和炸弹的比例比海湾战争时增加了近100倍，而它们全部或大部分都依靠GPS制导。GPS还可以对打击目标命中率进行评估。在装有GPS接收终端的弹药击中目标引爆的瞬间，触发用户机进行定位，并将位置信息和时间信息迅速传送到指挥中心，从而进行命中率评估，其评估效果已在伊拉克战争中得到充分检验。

　　GPS不止在陆地上的战争有重大作用，在水上一样能占据一席之地。法国的ASCA公司为美海军开发了利用水下全球定位系统（GPS）技术进行搜索与救援以及对抗水雷的系统，它可以利用水下的GPS信号确定目标的经、纬度和深度坐标。海军海上系统司令部已于2001年8月购买了一套该系统，该系统可用于跟踪沉在水下的飞机或潜艇中释放的移动黑匣子声波发送器，只需要不到半天的时间就能寻找到目标。在2001年夏天进行的一次试验中，该系统只用了1个小时就寻找到了目标。

另外，GPS在电子战争中也充分得到应用，譬如对敌方电子发射源的定位。多架飞机，利用GPS连续测定自身位置，利用无线电测向等方法确定敌方地面防空系统或雷达的位置，进而直接摧毁敌军地面雷达系统。还有诱惑导弹脱靶。敌方导弹攻击我方飞机时，为了摆脱导弹，我方飞机需要投放金属箔条，造成假目标，好象孙悟空一拔毫毛就变出来千万个小悟空一样，诱惑导弹打错目标，脱离飞机。但敌方导弹还受敌方雷达指挥。雷达只有在我方飞机机头对准基本地面雷达时投放金属箔条，才会被诱惑，分不清真假。而GPS实时确定我方飞机位置，根据预先已知的敌方雷达位置，控制飞机进入适宜投放金属箔条的飞行方向。

总之，GPS在战争中起着不可忽视的作用，它就好比一个"侦察兵"，为士兵们探明线路、救援伤者、监视敌况。是现在军事设备中不可或缺的一部分。

知识卡片

制导

导引和控制飞行器按一定规律飞向目标或预定轨道的技术和方法。制导过程中，导引系统不断测定飞行器与目标或预定轨道的相对位置关系，发出制导信息传递给飞行器控制系统，以控制飞行。分有线制导、无线电制导、雷达制导、红外制导、激光制导、音响制导、地磁制导、惯性制导和天文制导等。

第5章 二、无所不知的"导游"
走进生活——
小导航大用途

导航应用在军事上很出色，那应用在个人身上不知道又是怎么样呢。现在我们一起来了解一下导航应用在个人身上所发挥的作用。

(1) 地图查询

可以在操作终端上搜索你要去的目的地位置，输入目的地后，可以实时告诉你如何走才能到达目的地，例如：到某个路口后会用语音及图示告诉你左转、右转或直行；可以记录你常要去的地方的位置信息，并保留下来，也可以和别人共享这些位置信息；模糊的查询你附近或某个位置的附近，如加油站、宾馆、取款机等信息。

手持式GPS

GPS导航仪指引道路

很多电子设备内置GPS模块

（2）路线规划

GPS导航系统会根据你设定的起始点和目的地，自动规划一条线路。规划线路可以设定是否要经过某些途径点，可以设定是否避开高速等功能。还可以测速，确定你的当前位置，提醒你是否已经超速；提醒你前方有测速或拍照装置等。

（3）自动导航

包括语音导航、画面导航。如果在开车的时候不方便看导航仪的画面，导航仪会发出语音提示，提醒该怎么走。

（4）导航还有很多很贴心的小功能

例如，提供娱乐休闲及办公功能。看电影、听音乐、看电子书、小游戏，有些还带有Office功能；时间显示，GPS所显示的时间是由卫星授时的，相当准确。世界上许多设备，包括我们的通信基站大多利用GPS卫星授时；带蓝牙功能的导航仪，可以实现蓝牙免提，方便接打电话等等。

　　GPS导航就好像一个无所不晓的"导游"，有了它就再也不会担心迷路了，还能更加安全的行走在道路上。

知识卡片

蓝牙

　　是一种支持设备短距离通信（一般10m内）的无线电技术。能在包括移动电话、PDA、无线耳机、笔记本电脑、相关外设等众多设备之间进行无线信息交换。利用"蓝牙"技术，能够有效地简化移动通信终端设备之间的通信，也能够成功地简化设备与因特网之间的通信，从而数据传输变得更加迅速高效，为无线通信拓宽道路。

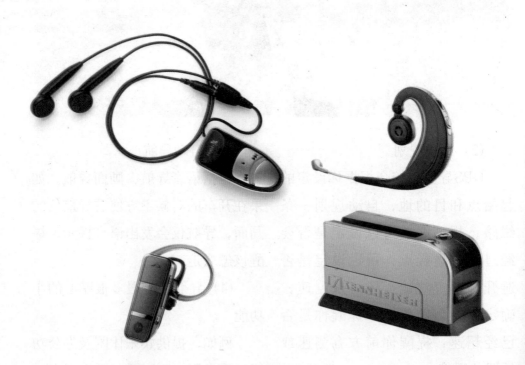

蓝牙

三、从"测量"到"自动化"

我们最常接触到的GPS定位，其实是连续性的，我们使用最多的车载GPS导航仪等产品，其实就是在不断的重复着定位，不停的刷新当前位置，这样连续起来就构成了导航仪所展现的功能。导航仪因为是基于地图软件商固定的线路完成导航的全部过程的，所以在导航的过程中可以提前预知我们要去的方向。当一个指令是需要匹配到特定的位置时，卫星定位理所当然的成为了中间的一个环节。

卫星定位后可以实现无人自动灌溉

而连续的定位对于测绘依旧机械自动化来说是非常必要的，如果说我们可以用尺来量取多边形的边长，算出它的面积。那么一个不规则的图形，比如说一个一个山头的面积，我们利用GPS采集数据之后交由计算机计算，要远比我们人为进行估算测量要准确的多。

　　而在机械自动化方面，GPS覆盖面广和定位连续性则对无人操作的一些农产机械、车辆等定位导航非常有帮助，而且构成成本也会低很多。相信没有人为了几百亩的农田自己建造一个小型的区域定位装置，所以覆盖面非常广的GPS系统成为了首选。

通过掌握每一个单体的位置进行系统调控是交通自动化的必要条件

值班人员应急3G手机　　　3G终端产品　　　银行大厅

GPS远程自动化安全监测系统

知识卡片

机械自动化

　　自动化是指机器装置在无人干预的情况下按规定的程序或指令自动进行操作或控制的过程。而机械自动化既是机器或者装置通过机械方式来实现自动化控制的过程。

　　只要在我们的生活中需要确定位置的应用中，不难发现我们都可以找到GPS卫星定位的踪影，而且不少应用逐渐开始涉及到我们的日常生活必备设施当中，那么卫星导航的战略意义也就不仅仅只是局限于军事目的，而更多的是保障这些基础设施能够正常高效的运行，所以这么多国家开始建立自己的卫星定位系统也不足为奇。

四、坐标是救援的重要手段

第 5 章
走进生活——
小导航大用途

地球上的坐标点是惟一的，所以我们一旦知道了自己所在的坐标，那么对于许多事情都非常有帮助，这也就与救援相互对应起来。一个精准的位置能够使救援更加高效、快速、准确，这往往通过口述等形式所无法达到的效果。只要需

GPS定位救助，3年惠及10万老人

要定位的时候，不用说，卫星定位肯定是最优的选择。

灾后救援，GPS起大作用

比如说地震在何处发生、海啸何时到达，通过GPS定位之后，这些数据都能够更加准确的呈现在我们面前，而一些模拟灾情的系统在演算的过程中也需要这样的数据，GPS定位在这一方面是非常好的工具。特别是地震发生过后很短时间内，安装了GPS监控功能的营运车辆得到更及时的救援提供了重要帮助，救援的成功率和准确性都大大提高。还有一个很重要的GPS延伸功能的潜在市场也在地震中让人们更早认识了，这就是路况信息。以往我们对路况信息的认知更多的是限于可以为交通带来方便，而在地震后的救援中对路况信息的掌握很大程度上决定了救援的速度。在这段时间里，大量的志愿者开赴灾区，我们作为其中一分子也深有感受。由于受灾面大、塌方、泥石流等次生灾害受余震的影响还在不断增加，所以路况信息在时刻变化。通过电视上报道的路况信息不能满足即时性的要求，很多志愿者因此遇到出发时获得的路况信息和实地情况不符的情况，如车到中途又发现某高速公路临时封闭、某路段塌方了；还有就是通过电台了解路况，志愿者自发的将自己所经路段的情况向电台报告，再通过电台广播，这能解决一部分即时路况的问题，但是信息量很有限，而且对于不熟悉道路的司机不直观。在余震的这段日子里，常常会出现城市交通的极端堵塞现象，特别是大家一听说有余震的消息，在城市就会多次看到所有车辆在同一时间为避震开出城区，如果这时有路况信息的指引就可以在一定程度上缓解这一问题。

户外GPS导航仪

GPS定位救助

测地球运动的项目中，根据科学杂志上发表的关于地球运动高精度测量，在美国西部版块上安装的PBO边界观测接收器，研究人员可以观察到潮汐、可以推测出包括版块的位移、地球的运动，精确到毫米级。

以前我们也曾经说过，在野外郊游的时候尽量配备上一台GPS，这样对于自身的安全是一种保障，在遇到紧急情况的时候，GPS定位的坐标就成为了一种非常高效的求救数据。而GPS还被广泛引用在检

知识卡片

监控

对装备及系统的工作状态不间断地实时监测，并根据反馈信息自动对系统中异常部位实施相应措施的闭合自动控制作用。

GPS定位救助终端设备

第5章 走进生活—— 小导航大用途
五、"精准授时"是GPS的核心服务

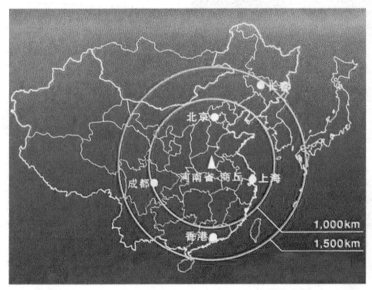

河南商丘的授时塔

根据GPS授时的连续性与精准性，要比我们能够接触到的广播授时、电波授时更加准确，后面所说到的授时方式有一定的间隔，那么势必会使误差累积，这样以来GPS系统的连续、全区域授时就显得更为有价值。因为可以同步时间，那么在我们的电力系统、通讯系统、金融系统中，只要是需要多个个体需要时间进行精准匹配的话，那么GPS系统的授时对于这些个体来说都是必要的。比如说电力系统中需要的故障测距、雷电监测、继电保护等都可以通过准确的时间差进行判断，通过人力排查效率会变得非常低下。

GPS定位是基于授时的原理上进行的，通过在不同位置上的卫星发布时间信息，接收机在接到时间差之后可以计算出距离每一个卫星的距离，从而得到接收机的具体位置在什么地方。所以说GPS系统在另一个角度上来看的话，本身就是一个超大型的授时系统。只要需要同步时间的时候，GPS都可以发挥作用。

GPS全局授时可以让电力系统各个单位正常运作

通讯系统则需要准确的授时，这样才能分辨不同的通讯系统接收与发送信息时不会出现混乱，减轻系统的压力。金融系统也是一样，全球的金融机构如果没有统一的时间，那么金融交易可靠性就会大打折扣。也正是因为GPS系统涉及到我们生活的一些基础设施的正常运转，所以各国都希望能够建立起属于自己的定位导航系统，很大一部分是为了自主授时系统，避免受限于美国GPS系统。

知识卡片

授时系统

授时系统是确定和发播精确时刻的工作系统。

金融机构

金融机构是指专门从事货币信用活动的中介组织。我国的金融机构，按地位和功能可分为中央银行、银行、非银行金融机构和外资、侨资、合资金融机构四大类。

第 **6** 章

导航技术 与未来世界

◎ 导航技术与全民定位时代
◎ 导航技术与服务智能化
◎ 导航技术与信息完善化
◎ 导航技术与网络

一、导航技术与全民定位时代

第6章
导航技术与未来世界

由于GPS技术所具有的全天候、高精度和自动测量的特点，作为先进的测量手段和新的生产力，已经融入了国民经济建设、国防建设和社会发展的各个应用领域。随着冷战结束和全球经济的蓬勃发展，美国政府宣布2000年至2006年期间，在保证美国国家安全不受威胁的前提下，取消SA政策。GPS民用信号精度在全球范围内得到改善，利用C/A码进行单点定位的精度由100米提高到10米，这将进一步推动GPS技术的应用，提高生产力、作业效率、科学水平以及人们的生活质量，刺激GPS市场的增长。据有关专家预测，在美国单单是汽车GPS导航系统，2000年后的市场将达到30亿美元；而在中国，汽车导航的市场也将达到50亿元人民币。可见，GPS技术市场的应用前景非常可观。

GPS技术应用除了能够定位导航之外，还能够为用户提供位置信息。通过GPS技术使用者可以跟踪、定位目标，不过原来这项技术长时间以来一直为军队或者一些大型商家服务，在普通民用领域由于价格关系一直没有得以普遍应用。不过，在今年CES展会上的一款个性化的GPS个人追踪装置让人眼前一亮，通过这款产品用户可以随时留意宠物、亲人或者其他物品的位置，让这项技术惠及普通大众成为可能。

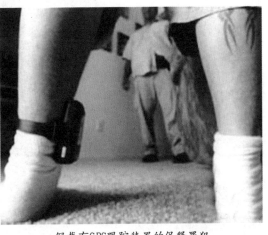

佩戴有GPS跟踪装置的保释罪犯

GPS个人追踪装置为用户提供了一个基于WEB的专用界面，使用者可以在控制台管理界面实现对GPS装置的功能设置。例如设置"活动界限"来规划出目标活动范围，在超过这个范围之内，这款追踪装置将向提前设置好的紧急联络人发送信息报警，而用户则可以根据这款装置配套的软件来轻松了解当前目标所在具体位置、时间、日前等信息。

GPS汽车追踪定位装置

GPS汽车追踪定位装置的作用流程

其实，在这款产品之前也曾经有过不少类似GPS装置，例如曾经的宠物GPS装置以及搭配GPS导航仪使用的GPS警报装置，由于价格或者适用人群等原因并没有让人们深切感受到GPS位置服务的优势。但是作为GPS技术应用的一大领域，基于GPS技术的监控、跟踪、报警等功能，位置服务推广普及已经成为当前GPS应用的一种趋势。

当前GPS产品虽然能够方便的为使用者在陌生环境中规划出行驶路线，但是由于地图更新问题或者实际问题往往出现规划路线与现实状况并不相符的尴尬情况。如何让导航仪规划路径更加贴近现实，成为消费者以及商家共同关注的问题。

汽车GPS警报装置

其实，对这一状况各大厂商都在为解决这一问题进行着努力，GPS生产制造商以tomtom公司为代表，其"智能规划路径"技术，可以根据数以百万计使用者反馈信息，计算出每天某个时段最接近现实的道路信息，让使用者在规划路径时更加贴近实际的"最佳路线"；而在辅助功能方面，该机还提供了实时交通信息广播服务。用户通过语音或者屏幕显示获得最新的实时交通信息，然后避开一些道路繁忙路段。而地图厂商Navteq则联合知名手机商NOKIA在实时交通领域展开研究，控制中心通过侦测某条道路上的GPS手机密度，来估计该道路上的汽车数目，由此绘制出整个城市的实时交通路况图，力求获得更精确的数据。

知识卡片

密度

单位面积或单位空间内的个体数。

诺基亚移动通讯有限公司

第6章
导航技术
与未来世界

二、导航技术与服务智能化

GPS 3D界面

自从推出了一款全景模式3D界面以后，虚拟实境地图走进了人们的视线，而在今年的CES展会上引入了类似的全景3D地图。通过这种最新的3D地图，用户可以有身临其境的体验，而在经过一些十字路口等复杂路段的时候，一些产品还配置有一些辅助功能，通过这种

功能用户能够在屏幕上看到这些路段的虚拟真实场景，画面非常直观。

GPS 3D界面

语音彩信GPS定位器

例如在今年CES展会上最新发布的几款产品都能够显示出包括道路标志等信息，而一些标志性建筑物还采用独特的真实虚拟技术，让用户在车里也能有"身临其境"的感受，而且在经过路口的时候，在屏幕上用户能够提前看到这些路段的真实虚拟场景，GPS导航更加直观，让驾驶变得更加舒适。不过这项技术就像原来游戏中的2D与3D差别一样，都需要特定的3D引擎技术来对这些数据进行支持，所以在3D引擎技术不能普遍应用的前提下，这项技术的应用还有一定的局限性。不过，前不久知名芯片厂商SiRF在3D显示引擎技术方面有了新突破，相信在不久的将来，虚拟实境地图时代就会到来。

GPS导航装置易用与否，现在已经是衡量一款GPS装置是否优秀的重要指标。直观的人机交互界面、方便的触控操作、越来越贴近实境化的电子地图都是为了让用户操作使用更加方便的途径。不过触控操作虽然让用户不再用通过复杂的按键来一步步实现功能操作，但是还是需要手指去点击屏幕，这在驾驶过程中尤其危险，而厂家都会提醒用户要"停车操作"，这样一来又变得非常麻烦。在这种情况下，如何解放双手让操作更简单方便，成为各个厂商需要面对的难题。而在过去的一年里，语音控制的GPS产品出现则让以上麻烦不复存在，受到人们普遍青睐。

GPS接收机

意义上的虚拟实境技术

在语音控制方面，由Garmin首次将语音控制引入GPS导航仪中来的语音识别技术已经成为行业标准。通过这项技术，用户不用在用手指点来点去，只要通过声音就能实现对导航仪的操作，从而将双手解放出来，不仅操作更加方便，而且还大大提升了开车的安全系数。目前，这种语音识别技术可以识别美国英语、英国英语、欧洲西班牙语、德语、意大利语以及荷兰语。除了Garmin以外，Tomtom、麦哲伦、Mio等品牌都已经推出各自类似功能产品，虽然目前这些产品还仅仅能够实现语音控制定位导航、接打电话等功能，不过相信随着技术进一步的提高，人们只需要"动动嘴"就能让导航仪完成需要的工作了。

知识卡片

虚拟实境

乃是运用计算机仿真科技产生一个三度空间的虚拟世界，可以提供使用者如同真实世界中关于视觉、听觉、触觉的模拟，使用者可以和这个空间的事物进行互动，可以随自己的意志移动，并具有融入感与参与感。

第6章 导航技术与未来世界

三、导航技术与信息完善化

经过几年的发展，GPS产品网络增值服务已经不再新鲜。至今为止，已在今年CES展会上亮相的Nuvi 885T为代表的MSN Direct功能GPS产品，通过网络用户可以方便的了解航班信息；新增的多普勒气象图可以让用户了解当前包括气压、温度、湿度、风力等天气状况，并提供三天内的天气预报；覆盖北美大

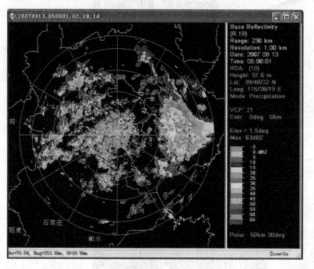

多普勒气象图

部分地区的实时交通信息可以让用户在行驶过程中随时了解前方是否有道路封闭、建设施工、交通事故等等意外状况，规划出最佳行驶路线；增强的信息列表功能除了提供电影院名称之外还能够为用户显示电影星级、流派、演员以及到影院路线等；另外，这款产品还提供了更详尽的油料价格信息、本地活动、新闻股市以及"发送到GPS"功能。

知识卡片

气压

气压是作用在单位面积上的大气压力，即等于单位面积上向上延伸到大气上界的垂直空气柱的重量。著名的马德堡半球实验证明了它的存在。气压的国际制单位是帕斯卡，简称帕，符号是Pa。

四、导航技术与网络

TomTom

一个GPS领导品牌TomTom则推出了其首款互联GPS装置GO 740 Live，设计了SIM卡和GPRS接收装置，让使用者可以轻松实现联网功能。这款产品整合了google的本地搜索服务，这项服务到现在已经不再新鲜，通过这项服务，用户可以搜索出当前所处地区的兴趣点，并标注有用户评价、详细地址、联系电话等一系列相关信息；通过网络服务，用户还能够获得当前最新的油价信息，根据自己需要选择到最佳加油站加油；而天气预报功能则能够为用户提供近期5天之内的天气情况，让使用者随时把握旅途当中天气情况，制定最佳出行计划；而"TomTom LIVE"服务则为tomtom用户提供了一个相互交流的舞台，让不同地区的用户能够分享自己的位置信息以及其他数据。

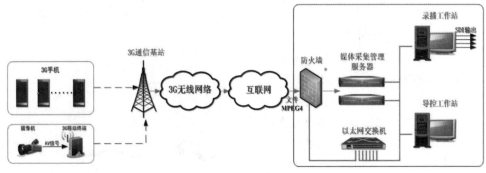

基于3G网络的工作流程图

以上这些服务，虽然国内由于受到基础设施限制没有国外发达国家丰富，但是目前随着3G网络的建成并投入应用已经能够为用户提供一些像天气预报、路况信息以及社会新闻等服务了，相信随着国内3G网络应用的逐渐成熟，国内网络增值服务也会越来越丰富。

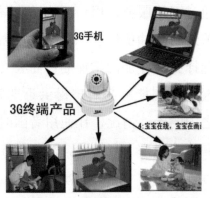

3G手机

3G终端产品

4: 宝宝在线、宝宝在画i

1: 保姆给老人洗脚　2: 懂事的孩子做家务　3: 开心的孩子和保姆互

可以联网的GPS定位导航

知识卡片

3G网络

3G网络是指使用支持高速数据传输的蜂窝移动通讯技术的第三代移动通信技术的线路和设备铺设而成的通信网络。3G网络将无线通信与国际互联网等多媒体通信手段相结合，是新一代移动通信系统。

3G 让您
RANG

3G 的标
网、手机电视
卡可以达到 1
可以即时播放
视频通话
来了视频通话
而是图

3G
有什么好处？

3G 最大的优点即是高速的数据下能力，相对 2.5G（GPRS/CDMA1x 100k 左右的速度。3G 能够达300k-1M 左右，比家庭用 ADSL 宽速度还要快几倍。

什么是3G?

3G 全称为第三代移动通信,相对第一代模拟手机(1G)和第二代 GSM\CDMA 手机(2G), 3G 具有更高的传输速度,能够快速处理图像、影音及多媒体形式。

话:无线宽带上

等。无线上网

速度,手机电视

拔打视频电话。

都是语音。 3G 的到来带

电话的时候不再是单调的声音,

其境的享受。

宽带上网:传统 GPRS 上网速度较慢,即

的 EDGE 也不尽如人意。如今的 3G 带来了随

络的极速体验,让网络真正可以微游般享受。

手机电视:手机上实时观看电视节目。

3G网络

图书在版编目（CIP）数据

图说导航的诞生与发展 / 左玉河，李书源主编 . —— 长春：
吉林出版集团有限责任公司，2012.4
（中华青少年科学文化博览丛书 / 李营主编 . 科学技术卷）

ISBN 978-7-5463-8843-4-03

Ⅰ . ①图… Ⅱ . ①左… ②李… Ⅲ . ①导航－青年读物②导
航－少年读物 Ⅳ . ① TN96—49

中国版本图书馆 CIP 数据核字 (2012) 第 053555 号

图说导航的诞生与发展

作　　者／左玉河　李书源
责任编辑／张西琳
开　　本／710mm×1000mm　1/16
印　　张／10
字　　数／150千字
版　　次／2012年4月第1版
印　　次／2021年5月第4次

出　　版／吉林出版集团股份有限公司（长春市福祉大路5788号龙腾国际A座）
发　　行／吉林音像出版社有限责任公司
地　　址／长春市福祉大路5788号龙腾国际A座13楼　　邮编：130117
印　　刷／三河市华晨印务有限公司
ISBN 978-7-5463-8843-4-03　　定价／39.80元